ASSESSMENT OF CHINA'S CARBON EMISSION INTENSITY AND

INTERNATIONAL COOPERATION ON GREEN DEVELOPMENT

# 中国碳排放强度评估
# 与绿色发展国际合作

赵桂梅　耿　涌　赵桂芹　著

江苏大学出版社
JIANGSU UNIVERSITY PRESS

镇　江

## 图书在版编目(CIP)数据

中国碳排放强度评估与绿色发展国际合作 / 赵桂梅,
耿涌, 赵桂芹著. — 镇江:江苏大学出版社, 2022.12
ISBN 978-7-5684-1917-8

Ⅰ.①中… Ⅱ.①赵… ②耿… ③赵… Ⅲ.①二氧化
碳-废气排放量-关系-绿色经济-研究-中国 Ⅳ.
①X511②F120.3

中国版本图书馆 CIP 数据核字(2022)第 242499 号

**中国碳排放强度评估与绿色发展国际合作**
Zhongguo Tanpaifang Qiangdu Pinggu Yu Lüse Fazhan Guoji Hezuo

著　　者/赵桂梅　耿　涌　赵桂芹
责任编辑/柳　艳
出版发行/江苏大学出版社
地　　址/江苏省镇江市京口区学府路 301 号(邮编:212013)
电　　话/0511-84446464(传真)
网　　址/http://press.ujs.edu.cn
排　　版/镇江文苑制版印刷有限责任公司
印　　刷/江苏凤凰数码印务有限公司
开　　本/710 mm×1 000 mm　1/16
印　　张/12.5
字　　数/300 千字
版　　次/2022 年 12 月第 1 版
印　　次/2022 年 12 月第 1 次印刷
书　　号/ISBN 978-7-5684-1917-8
定　　价/58.00 元

如有印装质量问题请与本社营销部联系(电话:0511-84440882)

# 前　　言

推动经济社会发展绿色化、低碳化是实现高质量发展的关键环节。
加强绿色国际合作，共享绿色发展成果。

——习近平

习近平主席在第七十五届联合国大会一般性辩论上提出中国实现碳达峰与碳中和的目标愿景，为国内的高质量发展、全面绿色低碳转型指明了方向，也为全球应对气候变化和实现疫后绿色复苏增添了强劲动力。然而，基于现实复杂多变的国际国内环境，实现碳达峰与碳中和涉及经济社会的诸多领域，关系到发展方式的全面转型与统筹协调，面临巨大的战略机遇与风险挑战。中国政府提出了将碳减排活动与经济发展相结合的碳排放强度减排思想，有序实现生产生活方式全面向绿色低碳转型，给世界能源和经济社会结构带来广泛而深刻的系统性变革，是一场意义深远的供给侧和需求侧变革。

本书在国家、地区、企业、项目和产品碳排放统计核算层面做了大量工作，采用不同行业、不同区域尺度上碳排放评价的技术方法，构建了可交叉验证的多尺度碳排放核算方法体系，形成了碳排放强度指标核算机制，根据全国及各省区市分品种能源消费量及其相应排放因子开展了碳排放强度核算，核算结果为编制国家履约报告和国家温室气体清单、实施国家和地方碳排放强度控制目标进展评估、考核、形势分析等工作提供了保障。此外，改进和丰富了多源数据核算区域尺度碳排放的技术方法，在核算过程中引入了不同地区的社会经济属性特征，基于在不同尺度开展碳核算碳核查工作，编制了我国省级温室气体清单，提出了面向不同类型地区更有针对性的碳减排碳管理政策，为落实国家自主贡献目标提供有力支撑。

　　本书进一步提出了以推进碳达峰碳中和为牵引，坚持绿色生产、绿色技术、绿色生活、绿色制度一体推进，加快构建碳排放智能监测和动态核算体系，大力推进区域协调发展新机制与生态环境保护协同治理，倡导建立健全绿色低碳经济发展的国际合作机制、区域互助机制、区际利益补偿机制；呼吁政府部门加大对低碳、零碳、负碳技术研发的支持力度，同时要做好产业结构优化升级、能源结构转型及绿色低碳技术创新的区域协同，实现绿色低碳高质量发展；提出加快建立更加开放的包容性绿色增长机制，既可发挥国内大循环的主导作用及国内国际双循环协同促进，又可推动经济高质量发展及培育新动能与增加国际竞争优势。该成果为完善"双循环"新发展格局理念、建立绿色低碳循环发展经济体系、推进"一带一路"国际合作机制提供了重要参考。

　　全书以经典理论为基础，以科学方法为支撑，以典型案例为抓手，以对策建议为输出，注重辨识特征、把握重点，兼顾理论创新与实践启示，或对该领域研究与实践有所裨益。本书的出版得到了国家科技重点研发计划专项（2019YFC1908501）、国家自然科学基金基础科学中心项目（72088101）、国家自然科学基金国际合作项目（7180107001）、中国博士后科学基金（2018M641989）、国家留学基金（202008320101）、江苏省青蓝工程中青年学术带头人项目（2021）、国家级一流本科国际经济与贸易专业建设点（2020）资助。同时，本书也得到了国家发展和改革委员会、生态环境部、商务部、工业和信息化部、海关总署等相关部门专家的指导、支持和无私的帮助。在此，向他们表示衷心感谢！

赵桂梅　耿涌　赵桂芹

2022 年 8 月 26 日

# 目　　录

# 第 1 章 导论

## 1.1 问题提出与研究意义

### 1.1.1 问题的提出

全球气候变暖能否被有效治理将会对世界未来的安全、稳定与发展产生深远的影响[1,2]。目前国内外相关研究对因全球气候变暖所带来的经济损失进行了分析与预测。其中世界银行前首席经济师、英国经济学家 Nicholas Stern 发布的《斯特恩报告》中指出：按照当前的趋势发展，全球的气候变暖问题将至少降低世界人均 5% 的福利水平；如果将人类的居住环境、健康水平等众多非经济因素计算在内，世界人均福利将被削减 11%[3]。考虑到全球经济发展存在着较强的"连锁反应"，二氧化碳等温室气体排放所产生的全球气候变暖的危害将超出人类之前的预测，对潜在的人均福利水平的削减将超过 15%，甚至会导致更加严重的社会经济损失[4]。应对全球气候变化已经成为人类发展将共同面对的环境挑战，实现可持续发展与低碳经济转型已经成为各国实现绿色发展的共同目标[5-8]。随着中国人口总量的增长及经济发展水平的快速提高，中国的二氧化碳排放总量在不断地攀升，国际能源署（International Energy Agency，IEA）2009 年发布的统计数据显示，2007 年中国的二氧化碳排放总量首次超过美国，成为世界上最大的二氧化碳排放国家。[9] 随着中国碳排放量的持续增长，国际社会也更加强烈地要求中国承担更多的碳减排责任。在此背景下，2009 年 11 月中国政府首次承诺"到 2020 年单位 GDP 二氧化碳排放量（碳排放强度）较 2005 年降低 40%～45%"。碳排放强度（Carbon

Intensity, CI) 是指单位 GDP 的二氧化碳排放量。与二氧化碳排放量相比, 碳排放强度能够更直观地反映碳排放总量与经济发展水平之间的变动关系, 碳排放强度是一种"相对减排"[10]。目前, 中国的经济发展水平及碳减排实力还比较薄弱, 距离实现碳排放总量达峰的减排目标还有很大的差距, "绝对减排"的难度很大。由此可见, 中国政府提出碳排放强度下降的减排目标展示了中国实现低碳经济发展转型的决心。面对国内外的碳减排压力, 中国政府提出了碳排放强度减排的低碳经济转型方式。由此, 如何驱动碳排放强度下降已经成为中国实现低碳转型发展的一个重要议题[11-14]。

改革开放以来, 中国年均经济增长速度高达 9%, 与此同时, 中国也成为世界上最大的一次能源消费国和二氧化碳排放国[15-17]。由此可见, 中国曾经以巨大的资源和环境投入为代价实现了经济的快速增长。目前, 在世界经济"低碳化"国际规则的碳减排约束下, 中国政府明确提出, 将在2030 年实现单位 GDP 的二氧化碳排放量 (碳排放强度) 比 2005 年下降60%～65%的减排目标, 在 2030 年左右使二氧化碳排放总量达到峰值并争取尽早实现 (国家自主贡献方案, 2015), 中国将在 2050 年实现环境污染库兹涅茨曲线, 又称倒 U 型曲线的转折[18,19]。与此同时, 中国经济发展仍然处在初级阶段, 而城镇化处于快速发展的阶段, 在此情况下, 中国不断探索提高能源利用效率的有效途径, 从而实现环境污染库兹涅茨曲线(Environmental Kuznets Curve, EKC), 是中国政府目前面临的重大挑战。著名的《斯特恩报告》中提出, 一个国家的碳排放拐点不会自动实现, 如果没有足够的政府政策干预, 人均碳排放与人均收入之间的正相关关系可能会长期地持续下去[20]。2016 年国务院发布的《"十三五"控制温室气体排放工作方案》中提出更加明确的碳减排目标——到 2020 年碳排放强度比2015 年下降 18%, 并将目标分解到地方加以落实。但是, 中国各个区域发展水平和资源禀赋存在显著差异, 各地区的碳排放效率在空间分布上极不平衡, 将阻碍碳减排总体目标的实现, 甚至对"环境拐点"的实现造成巨大的负面影响[21]。因此, 如果忽略碳排放强度存在的空间差异, 假定所有区域具有同质性的库兹涅茨曲线检验将导致推断结论的偏差。同时，一个地区的"环境拐点"能否达到，不仅取决于自身因素，还会受其他地区的影响。中国能否如愿实现碳排放强度减排的低碳转型发展目标，碳减排政策实施中面临几个关键问题：第一，环境污染库兹涅茨曲线假说是否适用于中国碳排放强度减排；第二，如果适用，那么中国碳排放强度库兹涅茨曲线的拐点在哪里；第三，中国碳排放强度如何跨越峰值拐点，进入碳排放总量脱钩的绝对减排阶段。因此，重新审视中国环境演进的库兹涅茨轨迹和"环境拐点"成为政府、产业界和研究者共同关注且迫切需要解决的问题。本书的研究旨在揭示中国碳排放强度时空演进的规律及其驱动机制，进一步提出区域碳排放强度减排的政策组合体系与实施方法，为中央政府及地方政府制定科学的区域经济转型升级政策和构建激励相容的碳排放约束体系奠定基础。

## 1.1.2　研究的意义

从理论角度而言，中国各地区资源禀赋的不均衡性及其区域经济发展的阶段性，决定了中国碳排放强度的演进过程中存在着时空差异性的特点。基于所有经济体具有同质性的 EKC 理论假设，将无法准确地反映碳排放演进的现实问题，也不能对碳排放演进的影响因素作出比较科学的判断和预测。鉴于此，本书立足于地理空间载体，通过理论移植和改进，借鉴一些新的理论并有效地整合到碳排放强度时空演进的研究中，从而构建出可供实证研究的理论基础。

从实践角度而言，由于不同行政区域的碳排放强度数据具有一定的空间相关性，如果对碳排放强度样本空间的研究只被定义为省级行政边界，忽略了碳排放强度存在的空间效应，其推断出的结果将与实际问题之间存在一定的偏差。近年来，政府在对碳排放时空数据的查询统计、历史分析、动态分析及变动趋势预测等方面提出了更为紧迫的需求。鉴于此，本书借助时态地理信息系统（Temporal Geographical Information Systems，TGIS）、GeoDa 等软件分析技术，精准刻画中国碳排放强度时空动态演进的过程，通过时空数据建模的方法分析引起中国碳排放强度时空演进的深层次原因，揭示中国碳排放强度时空跃迁与各驱动因素之间的耦合作用关系，并在此基础上提出区域碳排放强度减排的政策组合体系与实施方法。

## 1.2 国内外相关研究综述

碳排放强度指标可以用来度量地区经济发展的碳成本，降低碳排放强度是一种将碳减排活动与经济发展相结合的思想。目前，有关碳排放强度的研究成为碳排放领域研究的热点问题。本书主要从碳排放强度区域差异、碳排放强度收敛性、碳排放强度环境库兹涅茨曲线演进阶段、碳排放强度影响因素、碳排放强度空间关联等方面进行文献综述。

### 1.2.1 碳排放强度区域差异的研究

#### (1) 碳排放区域的划分标准

碳排放区域划分的标准不同，将会直接导致研究结果的巨大差异，因此，对碳排放空间差异的研究首先需要确定碳排放区域划分的标准。

第一种划分碳排放区域的标准是现有文献中提出的划分方法。现有文献对碳排放区域划分的方法主要有三种：一是根据中国行政地理区域划分碳排放的区域，如东部、中部和西部的三大区域划分标准；二是如孙传旺（2012）根据中国国务院研究发展中心发布的《地区协调发展的战略和政策》报告中提出的八大综合经济区域的划分标准进行划分；三是赵云泰（2011）按照《中国区域间投入产出表》中提出的八大经济区域的划分标准进行划分[22,23]。以上几种划分碳排放区域的方法仅仅考虑了中国各地区的地理位置，却没有准确地反映二氧化碳排放的空间分布特点。

第二种划分碳排放区域的标准是根据某一种碳排放指标（碳排放总量人均碳排放量或者碳排放强度）的高低排序来划分区域。如肖宏伟等（2013）和张珍花等（2011）按照碳排放总量或碳排放强度的均值等指标，将全国划分为高碳排放区、中碳排放区、低碳排放区三个碳排放区域[24,25]。这种碳排放区域划分的方法虽然考虑到各地区二氧化碳排放的特点，但是没有考虑到各地区二氧化碳排放影响因素的差异性。

第三种划分碳排放区域的标准是聚类分析方法。如杨源等（2012）通过两阶段的聚类法、涂正革等（2012）通过两步的聚类法、张先锋等（2013）通过 K-均值的聚类方法，综合评价各地区的碳排放情况，将综合指标比较接近的各个地区划分为一类区域[26-28]。采取聚类分析的方法能够充分考虑不同地区碳排放的数据特征，同时也能对能源、经济等造成碳排放差异的影响因素进行综合评价，因此该方法能够更加科学和有针对性地划分碳排放区域。同时，研究发现，碳排放的统计数据通常都是面板数据，所以，在使用聚类方法划分碳排放区域之前，首先需要解决各个指标之间的相似性问题，满足数据的统一性要求。为了避免数据信息的简单退化，目前文献通常采用降级方法，选择指标在不同时期的平均值，然后降低面板数据的时间特性，将面板数据转化为横截面数据。经过分析处理后，这种简单的降解退化方法显然会造成信息丢失，不能反映研究对象的现实情况。

（2）碳排放差异的测度方法

已有不少研究者关注到中国碳排放存在的区域性差异问题，并对不同区域的碳排放差异状况进行定量的测度，主要测度方法有三种。

① 泰尔指数的测度方法。杨骞等（2012）、唐建荣等（2013）、孙耀华等（2012）根据三大区域和八大区域的划分标准，使用泰尔指数测算了中国碳排放强度的空间差异。研究表明：根据三大区域的划分标准，碳排放强度的区域差异主要来源于区域内的差异；根据八大区域的划分标准，碳排放强度的区域差异主要来源于区域间的差异[29-31]。

② 基尼系数方法。刘华军等（2012）、卢俊宇等（2012）采用基尼系数方法，根据东部、中部、西部的三大区域划分标准，对全国碳排放强度的基尼系数进行测算。结果显示：中国碳排放强度空间分布具有显著的非均衡性差异，同时区域差异呈现上升趋势[32,33]。

③ 洛伦兹曲线方法。杨俊等（2012）采用洛伦兹曲线、序列和基尼系数等方法测算出中国碳排放强度的省际差异。研究结果表明：中国碳排放

强度的省际差异存在不断缩小的趋势[34]。

综上所述，目前大部分文献虽然使用不同的碳排放区域划分标准，但是研究结果均显示中国碳排放强度具有显著的区域差异，只是现有文献对区域差异进行的分解仍然无法准确地反映中国碳排放强度区域差异的来源及其变化趋势。

### 1.2.2　碳排放强度收敛性的研究

收敛理论与方法不仅可应用于区域间经济发展不平衡状况的研究，而且能拓展到碳排放演进规律问题的研究。检验碳排放敛散性问题的方法主要有 β 收敛、σ 收敛和随机收敛三种主要的经典收敛模型。

① β 收敛。国内学者佟昕（2017）[35]、陈欢等（2016）[36]、许广月（2010）[37]通过建立碳排放增长率对数的碳排放 β 收敛回归模型，实证检验我国区域碳排放的收敛性。国外学者如 Kuntsi-Reunanen 等（2006）对碳排放强度收敛、Jobert 等（2010）对人均碳排放收敛的研究发现，1971 年至 2006 年，欧洲 22 个发达国家的人均碳排放存在绝对 β 收敛[38,39]。

② σ 收敛。采用标准差的测算方法进一步检验序列是否存在收敛，若标准差测算的结果随着时间推移呈现下降趋势，则可以判断该序列存在 σ 收敛。2006 年，Aldy J. E. 研究发现在 88 个国家的样本范围内人均碳排放量没有出现趋同，但 23 个经合组织（OECD）国家的抽样范围存在 σ 收敛[40]。2018 年，Sefa 等考察了 44 个发达国家和发展中国家的相对人均二氧化碳排放量的条件收敛性[41]。

③ 随机收敛。单位根检验用于确定样本是否存在随机收敛，如果碳排放检验序列是平稳序列，则可以判断碳排放存在收敛。张志强等（2011）[42]、Talmongros（2014）[43]、Sun 等（2016）[44]使用不同的面板单元根检测工业化国家人均碳排放数据的稳定性，得到基本类似的结论，即工业化国家人均碳排放存在随机收敛。

由此可见，经典的收敛理论及方法已经成为研究碳排放演进特征的重要分析工具。学者们对碳排放收敛性的相关研究为本书提供了良好的参考依据，但仍存在如下不足：在研究对象方面，现有相关文献研究主要讨论人均碳排放量是否趋同，研究碳排放强度是否趋同的文献不多；在研究方法方面，现有碳排放收敛的相关文献研究主要集中在经典收敛理论的检验。然而，经典的收敛理论的"同质性"假设条件，要求不同个体具有同质的生产技术。因此，在异质性的生产技术水平下，由于传统的收敛模式存在内生性错误，其检验结果将影响收敛性检验结论的完整性和可靠性。

### 1.2.3　碳排放强度演进阶段的研究

早在 1991 年，Grossman 和 Krueger 就提出了环境库兹涅茨曲线（EKC）。EKC 理论揭示了经济增长、收入变化对环境质量的影响呈现"倒 U 型"曲线的变动规律，即随着经济的发展，环境质量指标将会呈现从恶化阶段到趋稳阶段，然后进入环境改善阶段[45]。随后，国内外学者展开对 EKC 的存在和拐点的学术讨论和实证检验。目前，EKC 也被广泛用于二氧化碳排放与 GDP 之间关系的研究，主要研究结论有三种：① 支持 EKC 假说。如邓晓兰等（2014）[46]、邹庆等（2014）[47]利用 EKC 研究中国二氧化碳排放的变动规律，结果表明中国二氧化碳排放的 EKC 假说成立，认为中国当前处于碳排放 EKC 拐点前的上升期。② 认为碳排放的 EKC 存在地区差异。如赵爱文和李东（2012）[48]研究发现中国人均碳排放和人均 GDP 之间存在"N"型的 EKC 关系，但不存在拐点。冯烽和叶阿忠（2013）[49]研究表明中国及其东部存在 $CO_2$ 排放的环境库兹涅茨曲线，但是中部、西部不存在该曲线。③ 其他研究结论。如魏下海和余玲铮（2011）[50]、左文鼎（2014）[51]、赵桂梅和陈丽珍（2015）[52]对 EKC 曲线展开实证检验，结果表明中国二氧化碳排放量与 GDP 之间呈现"N"形 EKC 关系。

碳排放 EKC 假说揭示了当经济发展处于初级发展阶段时，碳排放将随着经济增长而不断地增加，然而当经济发展提升到一定水平之后，碳排放将随着经济发展呈现下降趋势的原理。由于中国各省区市资源配置和要素禀赋存在巨大差异，如果采用 EKC 检验方法，假设各经济体均质分布，将导致对碳排放演进阶段的判断与实际结果之间存在较大的偏差。因此，中国碳排放强度 EKC 的检验必须克服同质性假说的问题。国内学者王晨（2012）[53]、余东华和张明志（2016）[54]分别采用聚类分析方法和门限回归方法，化解碳排放 EKC 研究中的"异质性难题"。考虑到碳排放强度影响因素对本区域和对邻近区域的碳排放强度都会产生溢出性影响，因此中国不同行政区域的碳排放强度将具有一定的空间相关性。如果只将样本定义为行政边界实证检验中国碳排放强度 EKC 的存在性，忽略碳排放强度的空间效应，则将导致研究结论的偏差。

### 1.2.4 碳排放强度影响因素的研究

碳排放强度影响因素研究的主要方法有以下几种：① 指数分解法。国外学者 Fan 等（2007）、Timilsina 和 Shrestha（2010）、Gingrich 等（2011）主要采用自适应权重对数指数法、指数分解法、Kaya 恒等式等方法对不同国家（地区）的交通运输部门碳排放强度的影响因素进行分析。研究发现，经济的增长、产业结构的优化和能源强度的下降有助于推动碳排放强度的下降，从而为制定碳排放强度减排政策提供决策依据[55-57]。国内学者陈春华和路正南（2011）、王锋等（2013）、王佳和杨俊（2014）分别利用 Kaya 恒等式、LMDI 指数分解法、Shapley 值分解法，将中国碳排放强度的影响因素分解为经济发展水平、城市化水平、能源结构、产业结构和对外开放水平。研究发现，各省份碳排放强度及其相关影响因素对全国碳排放强度下降的贡献率存在着较大的地区差异[58-60]。② 结构分解法。Greening 等（1998）[61]、肖皓等（2015）[62]运用结构分解法对 1971—1991 年经合组织（OECD）国家生产部门的影响因素进行实证分析，提出能源强度和能源价格变动的调控将有助于实现碳排放强度下降的目标。③ 面板数据模型。Davidsdottir 和 Fisher（2011）[63]、郑欢等（2014）[64]通过建立动态面板数据模型，研究了 1995—2010 年中国 29 个省区市的碳排放强度变动的影响因素，提出将这些因素都纳入相关碳减排的政策中。④ 投入产出分析法（张友国，2010）、系统动力学模型（唐建荣等，2012）、ARDL 模型（周五七和聂鸣，2012）及双边固定效应模型（仲伟周等，2014）等方法，系统分析了中国碳排放强度的影响因素[65-68]。LMDI 指

数分解法与投入产出分析法两者相比较而言，LMDI 指数分解法可以对年
度或更短时间单元进行研究，然而投入产出分析法由于受到投入产出表编
制的时间间隔的限制，使得影响因素的分解存在结果不唯一且不精确等
缺点。

## 1.2.5　碳排放强度空间关联的研究

目前，国内外学者采用不同的方法对碳排放强度变动的影响因素进行
比较细致的分解，然而，在建立碳排放强度影响因素的分解模型时，仅仅
关注到各影响因素对本地区碳排放强度变动产生的直接影响，却常常忽略
了各区域之间存在的空间关联性，没有深入研究碳排放强度影响因素的外
溢效应及辐射作用。随着计量经济学的发展，学者们运用空间计量经济模
型对碳排放总量、人均碳排放量、碳排放强度等变动的影响因素展开分析。
其中，最为广泛的是对碳排放总量的研究。吴玉鸣（2008）、郑长德和刘帅
（2011）、林伯强和黄光晓（2011）、李丹丹等（2013）通过构建碳排放量空
间计量模型，发现中国碳排放量的梯度分布对地区之间碳排放量的空间集
聚产生了强化作用[69-72]。许海平（2012）采用空间计量模型分析发现中国
人均碳排放的"倒 U 型"曲线假设存在，各地区实现人均碳排放 EKC 拐点
的时间和路径的区域差异明显[73]。马大来等（2017）利用空间计量模型分
析经济规模、工业结构、能源消费结构、所有权制度和政府干预等对碳排
放效率的影响[74]。冯宗宪和陈志伟（2015）[75]、付云鹏等（2015）[76]对碳排
放强度的影响因素进行分解，这也为后续对碳排放强度的空间交互研究提
供了理论支持。

## 1.2.6　文献评述

通过以上文献分析与归纳发现，国内外学者对于碳排放强度的相关问
题做出了诸多有益的分析，但尚未清晰揭示中国碳排放强度的"时空"演
进规律，同时在具体的碳排放强度的分析方法及相关模型的构建等方面也
存在着诸多不足，亟待引入新的理论视角及更加有效的研究方法对中国碳
排放强度"时空"演进规律展开深入的探讨。具体分析如下：

（1）研究视角方面。现有文献通常将研究单位看作独立和均匀的单个

区域，分析碳排放强度时空演进的规律性。然而现实的空间单位并不是独立随机抽样的个体单位，而是表现出显著的空间相关性。因此，从地理学的角度看，现有文献研究缺乏对碳排放强度的空间相关性及异质性的探讨。

（2）研究对象方面。随着空间计量经济学的发展，中国学者在研究中已经广泛地将空间计量方法应用于碳排放等环境问题的研究，但主要是以碳排放总量和人均碳排放量作为研究对象，而对于碳排放强度的研究较少。实际上碳排放强度属于效率指标，由于区域技术进步和信息技术的空间溢出效应，进而影响到邻近地区碳排放强度的变动，因此区域之间碳排放强度将存在较强的空间相关性。

（3）数据选取方面。大多数研究都是基于截面数据的分析，对模型参数进行严格的均匀性假设，但不能同时解决由于缺失变量所产生的内生性问题；一些学者使用面板数据分析数据时间和空间二维特征，自由度很大，却没有考虑不同区域单元之间的空间效应，因而可以在一定程度上引入更多的控制变量来解决由内生性引起的缺失变量问题。基于此，进行碳排放强度演进规律研究时，有必要将时空交互效应纳入模型中进行分析。

（4）研究方法方面。现有文献鲜有将碳排放强度的影响因素与碳排放强度收敛性的量化指标结合起来进行研究的。碳排放强度收敛性的研究方法主要是采用经典的收敛模型，但是经典的收敛模型自身无法克服"同质性"假设的制约，使得研究结论的完整性和可靠性受到质疑。现有文献关于碳排放强度影响因素的空间计量模型分析大多止步于空间滞后模型或空间误差模型，缺少有对空间杜宾面板数据模型的研究。因此，有必要引入新的研究理论及研究方法检验碳排放强度的时空异质性收敛，并且在构建空间杜宾面板数据模型的基础上对中国碳排放强度影响因素的时空效应进行深入分析。

## 1.3　研究内容与研究框架

本书的研究重点在于考察中国碳排放强度时空演进及其驱动机制问题。首先，基于中国碳减排潜力的空间差异，将时空效应纳入分析框架，梳理碳排放强度时空演进的相关理论，从碳排放强度空间分布差异角度对中国碳排放强度的 EKC 进行再解释。其次，基于探索性时空分析（Exploring Spatial Data Analysis，ESTDA）方法探索中国碳排放强度时空分异及其跃迁性的特征，通过 PS 收敛方法确定碳排放强度时空分异的类型，检验各分异区域的碳排放强度 EKC 曲线的存在性及脱钩程度，构建分异区域碳排放强度时空演进的马尔科夫（Markov）稳态概率矩阵，刻画中国碳排放强度时空演进的机理。然后，构建基于时空地理加权回归（Georaphical Temporal Weighted Regression，GTWR）空间计量方法的碳排放强度影响因素 STIRPAT 扩展模型与分位数回归模型，揭示中国碳排放强度影响因素的时空溢出效应，进一步通过分位数回归嵌套矩阵运算分析方法建立中国碳排放强度时空跃迁的耦合驱动机制，提出实现碳排放强度减排的相关对策建议。具体的研究内容安排如下：

第 1 章　"导论"。从气候变化及国际、国内社会对碳排放的关注问题出发，以中国碳排放治理及碳排放强度减排目标为切入点，根据研究背景、研究目的和研究意义，对国内外相关文献进行梳理和综述，进一步提出研究思路、研究内容和研究方法等基本问题，最后阐述主要的创新点。

第 2 章　"相关概念与理论基础"。对本书涉及的相关理论进行梳理和归纳，将碳排放演进理论、区域经济空间结构演化理论及新经济地理学的理论解释有机融合，以空间地理基本原理为基础，进一步明晰中国碳排放强度的时空差异性、时空关联性、时空异质性收敛，进一步分析多维要素对中国碳排放强度时空演进的驱动作用，在此基础上，引入复杂适应系统的基本思想构建中国碳排放强度评估的理论分析框架，为后文的实证研究提供理论基础。

第 3 章 "中国碳排放强度的测度分析"。对省际碳排放量进行准确的评估是进行中国碳排放强度相关研究和建立有效的碳减排措施的基础性工作。本章通过各省能源消耗碳排放系数，测算出中国碳排放强度的空间面板数据，进一步分析中国碳排放强度的变动趋势及其空间分布状况，采用 ArcGIS 技术对中国碳排放强度的空间分布进行可视化处理，揭示中国碳排放强度的时空演进特征。

第 4 章 "中国碳排放强度的空间差异分析"。在对中国碳排放强度的测度及时空分布状况分析的基础上，探索中国碳排放强度的时空差异及其变化规律，对制定和实施减排政策有着举足轻重的意义。本章借助绝对差异指标考察中国碳排放强度的整体差异，进一步运用泰尔指数及其分解方法测算出中国碳排放强度的总体差异、区域内差异、区域间差异及其来源与贡献状况。重点关注中国碳排放强度差异的测量、演进趋势及差异来源，为进一步探讨中国碳排放强度局部空间关联及异质性收敛的研究提供理论支持。

第 5 章 "中国碳排放强度的空间关联分析"。依据探索性时空分析（ESTDA）框架，对中国碳排放强度的空间关联、空间集聚与时空跃迁状况进行空间统计分析。在时态地理信息系统软件支持下精准刻画中国碳排放强度时空关联的特征，实现省域碳排放强度值及其滞后随时间的成对移动，揭示中国碳排放强度时空关联及其局部空间差异的波动性，为后续中国碳排放强度异质性收敛的研究提供理论支持。

第 6 章 "中国碳排放强度的异质性收敛研究"。在前述研究基础上，基于 EKC 分析框架，通过异质性 PS 收敛方法检验中国省际碳排放强度的发散或俱乐部收敛，归纳中国碳排放强度收敛的类型，同类型区域内部的碳排放强度数据满足 EKC 的同质性假设条件。通过构建中国碳排放强度 EKC 曲线的空间面板数据模型，检验各分异中国碳排放强度与经济增长之间倒 U 型关系的存在性，测定出中国碳排放强度 EKC 曲线的拐点。采用时空加权马尔科夫（Markov）链方法构建中国碳排放强度的时空跃迁概率矩阵，分析不同时段中国碳排放强度关联类型的转移情况，揭示中国碳排放强度局部空间关联结构的跃迁性。

第 7 章　"中国碳排放强度的影响因素研究"。在充分考虑区域碳排放强度的时空分异及其跃迁性的基础上，引入刻画时空溢出效应的 GTWR 空间计量方法，通过构建碳排放强度影响因素的 STIRPAT 扩展模型，利用空间滞后面板数据模型（SLPDM）、空间误差面板数据模型（SEPDM）以及空间杜宾面板数据模型（SDPDM）检验中国碳排放强度影响因素的溢出性，进一步运用分位数回归方法分析各驱动因素对中国碳排放强度时空演进的阶段性影响，揭示中国碳排放强度时空演进的深层次原因。

第 8 章　"中国碳排放强度的驱动机制研究"。在对中国碳排放强度时空演进影响因素识别的基础上，进一步通过构建各驱动因素的分位响应类型与碳排放强度时空跃迁类型的嵌套矩阵，刻画中国碳排放强度时空跃迁与各驱动因素之间的耦合作用关系，揭示不同响应阶段各驱动因素对中国碳排放强度时空跃迁的作用机制，在此基础上提出中国碳排放强度减排的政策组合体系与实施方法，破解碳减排的路径依赖困境，防止或减少高碳排放的空间锁定，提高经济结构转型与升级绩效，促进区域协同发展。

第 9 章　"中国绿色低碳经济发展的国际合作"。加快绿色低碳发展、实现温室气体的深度减排，需要进行经济、社会、能源、环境和应对气候变化的协同治理，推进中国经济社会发展全面绿色转型。在本章中，基于绿色经济发展的基本内涵与理念思想，结合绿色经济发展的社会经济价值，阐明中国绿色经济发展主要模式，归纳中国绿色经济发展的政策措施，比较分析绿色低碳发展的国际政策，进一步揭示中国绿色低碳经济发展国际合作的战略价值。

第 10 章　"主要结论及研究展望"。归纳全文的研究内容，概括性分析本书研究的主要结论，总结本书的研究贡献、研究局限，并为下一阶段的拓展研究提出展望。

本书的研究主线和研究内容如图 1-1 所示：

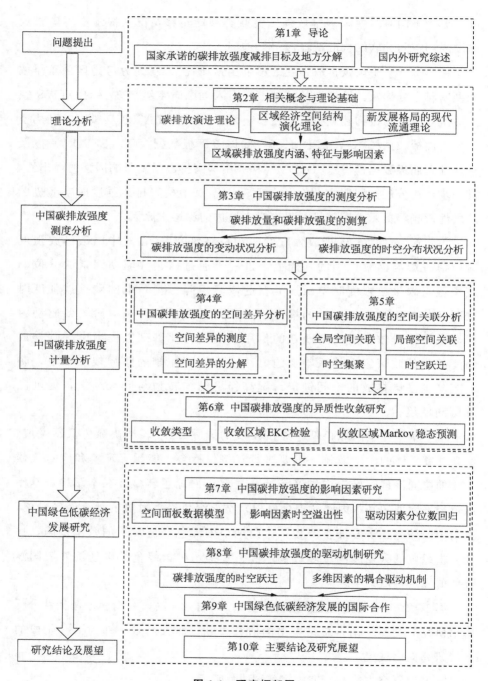

图 1-1　研究框架图

## 1.4　主要研究方法

本书在借鉴国内外相关理论研究成果的基础上，基于空间经济学的研究视角，综合运用复杂系统科学、环境经济学、统计学及空间计量经济学等学科的理论和方法，对中国碳排放强度的时空演进及其驱动机制进行系统研究，具体方法主要包括以下几种：

（1）探索性时空数据分析与时态地理信息系统方法

根据联合国政府间气候变化专门委员会（Intergovernmental Panel on Climate Change，IPCC）推荐的方法测算中国碳排放强度的空间面板数据，在此基础上采用泰尔指数及分解方法，测算中国碳排放强度的区域差异及其原因，进一步通过探索性时空数据分析（ESTDA）方法，从时空交互作用的视角探讨碳排放强度的时空格局问题。同时，借助时态地理信息系统实现地理实体时间和空间信息的动态表达与建模，为中国各省（自治区、直辖市）（以下简称"省区市"）碳排放强度时空演进特征的分析、模拟和预测提供可靠支撑，这也是正确设定空间面板数据模型的必要条件。

（2）异质性 PS 收敛与时空加权 Markov 链方法

通过异质性 PS 收敛检验方法分析中国各省区市碳排放强度收敛性，根据"俱乐部收敛"的类型对区域进行重新划分，识别中国碳排放强度的时空分异区域，各收敛区域则满足 EKC 的同质性假设，由此检验各分异区域碳排放强度 EKC 的拐点，进一步建立分异区域碳排放强度时空演进的 Markov 稳态概率矩阵，揭示中国碳排放强度时空演进的机理。

（3）多元统计分析与空间计量方法

通过对 STIRPAT 方法建立碳排放强度影响因素分解模型，定量甄别影响碳排放强度时空跃迁的驱动因素，进一步将时空地理加权回归（GTWR）模型引入碳排放强度影响因素的空间滞后面板数据模型（SLPDM）、空间误差面板数据模型（SEPDM）及空间杜宾面板数据模型（SDPDM）研究，为碳排放强度影响因素溢出性检验提供新的方法，通过构建碳排放强度的时空溢出效应模型、时空跃迁驱动因素的评价体系，阐明各因素对省区市碳排放强度时空格局变化的驱动作用。

（4）分位回归嵌套与时空跃迁矩阵方法

采用加权误差绝对值最小得到分位数回归的参数估计结果，通过驱动因素不同响应阶段的分位数与不同时空跃迁类型的深度嵌套，揭示中国碳排放强度时空跃迁的耦合驱动机制。根据各驱动要素与分异区域碳排放强度时空跃迁之间的模块化关系，建立模块化区域碳减排的联动治理模式，实现多要素时空耦合的资源优化配置。

## 1.5　主要创新之处

本书主要的创新点如下：

① 从复杂性科学的视角，把区域碳排放强度空间格局的动态演进看成一个复杂适应系统，从系统的"集聚—分异—跃迁—驱动机制—治理模式"的逻辑关系出发，将时空特征和空间效应同时纳入中国碳排放强度时空演进的研究体系。考虑到碳排放强度空间格局演进的空间依赖性和异质性，通过异质性收敛、面板数据模型等方法实证检验中国碳排放强度时空分异及其跃迁的涌现规律，借助时空跃迁矩阵及分位数回归嵌套方法，更多地将复杂系统中的宏观结构与微观机理结合在一起，对设计和优化新的环境规制政策具有重要的指导作用。

② 基于环境外部效应内部化的理论切入点，探求经典环境库兹涅茨曲线（EKC）理论的有效性。将时空效应纳入分析框架，通过异质性收敛方法检验中国 30 个省区市间碳排放强度的发散或俱乐部收敛，归纳出中国碳排放强度收敛的类型，各区域满足"EKC 环境拐点"的同质性研究假设要求，从而形成碳排放强度 EKC 的检验和拐点阈值的判断，化解碳排放 EKC 研究中的"异质性难题"。

③ 立足政府需求，从中国碳排放强度空间集聚、时空跃迁出发，研究中国碳排放强度时空演进的系统宏观自适应与涌现性，揭示碳排放强度时

空分异与时空跃迁系统交互演化的微观基础。将空间地理思想融入碳排放强度影响因素溢出性的实证模型，探究各因素对碳排放强度时空演进的驱动机制，提出区域碳排放强度减排的政策组合体系与实施方法，破解高碳排放的"空间锁定"困境。

# 第 2 章　相关概念与理论基础

## 2.1　碳排放强度的相关理论

### 2.1.1　碳排放强度提出的理论依据

目前，温室效应导致的全球气候变暖问题引发了人们的广泛关注与担忧。1987 年，挪威时任首相布伦特兰（Gro Harlem Brundtland）夫人在《我们共同的未来》中最早提出了"可持续发展（Sustainable Development）"的概念，并将其定义为既"满足当代人的需求"又"不危及后代人满足其需求能力"的发展环境[77-79]。可持续发展的本质是在不影响经济发展的情况下，降低温室气体排放量。如何实现可持续发展是目前各国政府和相关学者正在努力解决的迫切问题[80-83]。

20 世纪 90 年代，"低碳经济"（Low-Carbon Economy）最早在文献中出现[84]。2003 年，英国首相 Clement Attlee 首次将低碳经济撰写在政府的文件中[85]。目前，各国学者们认为低碳经济是应对气候变暖及环境污染的有效方法及途径，并且成为目前各国政府关注的首要问题。由于各国存在着资源禀赋等的地区差异，因此不同国家和地区低碳经济的实现路径也不尽相同[86-88]。一般说来，发达国家拥有技术水平、经济发展等方面的优势；而中国作为发展中国家，要实现低碳转型发展，则面临着诸多的机遇和挑战。中国需要在引进国外先进技术的同时，不断地加大自主创新的力度，探寻低碳经济与可持续发展的融合[89-91]。可持续发展与低碳经济的内涵是以社会、经济、人口、资源、环境等相互协同发展为基础，其宗旨是满足经济的发展和未来社会发展的需要，由此可以看出，如果以牺牲经济增长为代价减少碳排放的绝对量，是不符合可持续发展理论的内涵要求的。可持续发展是以确保经济增长为前提，其内在要求是以集约式的经济增长方式，提升经济增长的环境效率。这为本书选取碳排放强度指标作为研究对象提供了理论支持。碳排放强度属于经济增长的环境效率指标，表示单位经济产出的碳排放量，不仅符合低碳经济的内在机理要求，而且中国目前的政策文件也均以碳排放强度指标制定减排目标，使得本研究更具理论性和实用价值。

碳排放强度指的是单位经济产出所消耗的碳排放量，一般通过单位GDP 的碳排放量或人均单位 GDP 碳排放量等数值反映（张友国，2010；Chen，2011）[65,92]。碳排放强度反映了区域的能源利用效率，数值越小表明该区域能源利用效率越高，该指标有利于鼓励各国提高能源效率、开发清洁能源和发展低碳产业等。目前，国际社会以及中国在政策上都倾向于以碳排放强度作为减排标准。而且，碳排放强度包含了碳排放量与经济增长，其理念是降低碳排放和保障经济发展"双管齐下"[93-95]。碳排放强度与碳排放量的差异主要体现在：碳排放强度可以更好地衡量一个国家的绿色 GDP发展情况。经济的高速增长通常伴随着碳排放量的增长，而能否实现绿色GDP，必须进一步分析碳排放强度与碳排放量两个指标增加的具体情况。就碳排放强度而言，只要在经济增长的情况下，碳排放强度在下降，就可以说碳减排取得了一些成效，技术水平有所提升。同时，碳排放强度也是有效衡量一个国家或地区环境质量、经济发展、技术进步及能源利用效率等水平的重要指标[96,97]。如果碳排放强度较高，则意味着能源利用效率较低，从经济层面反映出国家的经济效率水平较低，则意味着创造同等的财富需要消耗更多的能源和其他投入。

## 2.1.2　碳排放强度的收敛理论

1956 年，美国经济学家 Robert Solow 提出"新古典增长模型"，标志着"经济增长收敛假说"研究的正式开始[98]。新古典经济增长理论认为，经济要素具有边际收益递减规律，不同地区的经济增长会受到动态稳定的内在稳态机制的影响[99]。收敛性（Convergence）的主要含义是，如果落后地区的经济发展速度快于发达地区的经济发展速度，随着时间的推移，人均收入及其增长率的地区差异存在缩小的趋势，则表示存在经济收敛的趋势；反之，如果发达地区的经济发展速度快于落后地区的经济发展速度，随着时间的推移，人均收入地区分化趋势和增长速度不断扩大，则表明存在经济发散的趋势[100]。经济收敛描述的是人均产出水平在不同国家或地区之间及其内部的演化方向，是经济增长逐渐走向长期稳态均衡的过程。收敛假说的研究内容主要集中于收敛是否存在，以及影响收敛的具体原因。

依据经济收敛机制的理论，在经济发展过程中，如果经济发展落后的地区在赶超经济发达地区的过程中，其碳排放水平与经济发达地区的差距呈现先扩大后缩小的趋势，则最终会出现地区之间碳排放收敛的态势[101]。根据经济增长规律和碳排放演变规律，随着经济增长规模的不断扩大，能源消费总量不断增加。因此，碳排放量也呈现出"发散性增长"的趋势[102,103]。首先，由理性经济人所产生的碳排放微观收敛机制。同样作为理性经济人的企业，面对能源和环境约束，为了更好地适应市场需求，企业将会主动减少污染型技术的使用，提升清洁与环保型的技术水平，促进碳排放总量的持续下降。与此同时，经济上理性的消费者也会根据环境资源的稀缺性做出合理的选择。当经济发展处于比较低的水平时，环境问题不能得到有效的关注。随着收入水平的不断提高，人们的基本生理需求得到充分满足后，人们更加关注生活质量的提高，也更加关注环境问题，此时对环境的收入价格弹性大于1，由此人们必将增加低碳环保产品的消费，从而促使碳排放量进一步减少。其次，产业结构及能源消费结构进一步优化，由此产生碳排放的中观收敛机制。结构收敛机制属于中观趋同机制，即不断调整和优化产业结构和能源消费结构，将减少碳排放强度。Petty-Clark定理揭示，从产业结构变化规律来看，随着经济发展水平的提高，产业结构和能源消费结构也随之发生变化。从产业结构演进的规律看，第三产业最终占比最大，且第三产业能源消耗低、碳排放量少。作为一种不可再生的污染型资源，随着能源消费结构的不断优化，化石能源必将会被清洁能源和再生能源替代，碳排放就会减少。最后，碳排放宏观收敛机制。政府在减少环境污染和温室气体排放等方面应发挥重要作用，通常政府会通过法律约束手段和政策鼓励等一系列行政手段来降低碳排放量。中国政府制定了严格且详细的环境保护法律法规，并提高碳排放企业准入门槛，加大对环境保护的投入，降低环境问题造成的生产和消费"负外部性"。同时，近年来，国家政府通过诸多政策鼓励更多企业投入低碳循环生产中，对采用清洁能源企业给予政策上的奖励。总之，在碳排放宏观、中观及微观收敛机制的作用下，碳排放量将呈现出"先上升后下降"的演变趋势。因此，根据理论推演判断碳排放量将会出现收敛的情况，导致碳排放收敛假说成立。根据碳排放强度的定义，在经济发展水平稳定增长的情况下，碳排放量的收敛将进一步促进碳排放强度的收敛。

### 2.1.3　碳排放强度演进的 EKC 理论

美国经济学家 Grossman 是第一个提出"环境库兹涅茨曲线（EKC）理论"的人。该理论的主要思想是：在没有政府环境的外部干预的情况下，一个国家或地区的环境质量（即污染水平）先趋于恶化，然后随经济增长而逐步改善，即环境污染和经济增长之间存在倒 U 型曲线关系[104]。Grossman 较早地提出碳排放影响因素及其驱动机制的研究，并将驱动因素进一步分解为规模效应、结构效应及技术效应。后期的学者也基本上延续了这一分析框架。一般认为，经济增长对环境污染的影响可以进一步分解为规模效应、结构效应、技术效应及人口效应这四种经济效应，其影响将会进一步导致碳排放出现持续的上升或下降。从整个经济发展过程来看，四种经济效应的叠加推动碳排放的演进：从自然清洁阶段到发展污染阶段，再从发展污染阶段到技术清洁阶段，总体上呈现"倒 U 型"曲线变动趋势。这种倒 U 型曲线变动趋势将会在"碳排放强度、人均碳排放量、碳排放总量"三个主要的碳排放指标的演进中表现出来，并且在时间上会呈现"碳排放强度、人均碳排放量、碳排放总量"先后变动的阶段性特征。

根据三个碳排放指标演进的阶段以及彼此之间的关系，可以进行简单的理论假设与推导：首先，将社会总产出设定为 $G$（代指 GDP），其经济增长率设定为 $\delta$；其次，将人口总规模设定为 $P$，人口规模增长率为 $\theta$，如果社会总产出的增长速度快于人口总规模增长的速度，则可以认为 $\delta > \theta > 0$；最后，将二氧化碳排放总量设定为 $E$，碳排放增长率设定为 $\pi$。由此，碳排放强度可以表示为 $CI = E/G$（碳排放总量与社会总产出的比值），人均碳排放可以表示为 $EPC = E/P$（碳排放总量与人口总规模的比值）。

本书首先分析碳排放强度（CI）与人均碳排放（EPC）之间的变动关系，分别研究碳排放强度（CI）从上升到稳定再到下降的三种情况下，其所对应的人均碳排放（EPC）、碳排放总量（E）的变动情况。① 当碳排放强度（CI）处于上升阶段时，即 $\pi > \delta$，因为 $\delta > \theta$，所以有 $\pi > \delta > \theta$，故人均碳排放（EPC）将呈现上升趋势。② 当碳排放强度（CI）处于稳定阶段时，即 $\pi = \delta$，$\pi = \delta > \theta$，故人均碳排放（EPC）也将呈现上升趋势。③ 当碳排放强度（CI）处于下降阶段时，即 $\pi < \delta$。此时可分成以下两种情况讨论：如果 $\delta > \pi > \theta$，人均碳排放（EPC）将会持续上升；只有当 $\delta > \theta > \pi$ 时，人均碳排放（EPC）才可能出现下降趋势。以上分析结果表明，当碳排放强度（CI）将经历从上升阶段到稳定阶段再到下降阶段的演进过程时，人均碳排放（EPC）也将相应地经历从上升阶段到稳定阶段再到下降阶段的整个演进过程，只是在这个演进过程中碳排放强度（CI）和人均碳排放（EPC）两者之间存在时间先后的演进阶段差异。当碳排放强度（CI）抵达峰值的倒 $U$ 型曲线拐点并且出现稳定，或者在进入拐点后的一段时间之内，而人均碳排放（EPC）仍然处于上升的时期，只有当碳排放强度（CI）呈现持续下降趋势后，人均碳排放才可能进入达峰的拐点。

同理，本书将人均碳排放（EPC）与碳排放总量（E）之间的演进关系也分成三种情况分别加以讨论。① 当人均碳排放（EPC）处于上升阶段时，即由 CI 上升至 $CI_1$，碳排放总量 $E_1 = CI_1 \times P(1+\theta) > E$，碳排放总量（E）也将出现上升趋势。② 当人均碳排放（EPC）处于稳定阶段时，碳排放总量表示为 $E_2 = CI \times P(1+\theta) > E$，碳排放总量（E）仍然处于上升阶段。③ 当人均碳排放（EPC）处于下降阶段时，即由 CI 下降为 $CI_3$，$E_3 = CI_3 \times P(1+\theta)$，碳排放总量（E）呈现下降趋势。接下来分两种情况继续讨论：当人均碳排放（EPC）下降速度小于人口增长率时，即 $(CI - CI_3)/CI < \theta$，

碳排放总量（$E$）将会持续增长；反之，碳排放总量（$E$）将会出现下降趋势。由此，人均碳排放（EPC）将比碳排放总量（$E$）先抵达"倒 U 型"曲线拐点。

综上所述，工业化进程中碳排放强度（CI）、人均碳排放（EPC）和碳排放总量（$E$）将先后抵达倒 U 型曲线拐点，先后顺序分别为碳排放强度（CI）由上升、稳定到下降（碳排放强度先抵达倒 U 型曲线的拐点），人均碳排放（EPC）由上升、稳定到下降（人均碳排放第二抵达倒 U 型曲线的拐点），碳排放总量（$E$）由上升、稳定到下降完（碳排放总量最后抵达倒 U 型曲线的拐点）。根据碳排放强度（CI）、人均碳排放（EPC）和碳排放总量三个碳排放指标抵达倒 U 型曲线拐点的先后关系，将工业化过程中碳排放的演进趋势划分为四个阶段：碳排放强度（CI）达峰前阶段、碳排放强度（CI）达峰阶段、人均碳排放（EPC）达峰阶段、碳排放总量（$E$）达峰阶段，如表 2-1 所示。

表 2-1　碳排放的演进阶段及演进趋势

| 碳排放的演进阶段 | 碳排放各阶段的变化趋势 | | |
|---|---|---|---|
| | 碳排放强度（CI） | 人均碳排放（EPC） | 碳排放总量（$E$） |
| 碳排放强度达峰前阶段 | 上升 | 上升 | 上升 |
| 碳排放强度达峰阶段 | 下降 | 上升 | 上升 |
| 人均碳排放量达峰阶段 | 下降 | 下降 | 上升 |
| 碳排放总量达峰 | 下降 | 下降 | 下降 |

根据 EKC 分析不同经济发展阶段碳排放强度的演变规律，将各地区经济发展中的碳排放划分为碳排放积累阶段、碳排放强度下降的相对减排以及碳排放总量下降的绝对减排三种不同的减排阶段[105]，如图 2-1 所示。第一阶段为碳排放的积累阶段，这既是经济发展的初级阶段，又是碳排放强度抵达峰值拐点（$A$ 点）之前的阶段。由此可见，当经济发展水平较低时，碳排放强度与碳排放总量均将逐步上升。第二阶段为碳排放强度的下降阶段，即抵达碳排放强度峰值拐点之后，碳排放强度和经济增长实现"脱

钩"，出现碳排放峰值之前的阶段。可见，经济发展水平显著提高，碳排放
强度开始逐步回落，但碳排放总量继续上升。第三阶段为碳排放总量的绝
对减排阶段，即碳排放总量峰值拐点（B 点）出现之后的阶段。该阶段的
特点为经济发展上升到一定水平，碳排放强度和碳排放总量均出现下降的
稳态阶段，此时碳排放总量和经济增长实现"脱钩"。

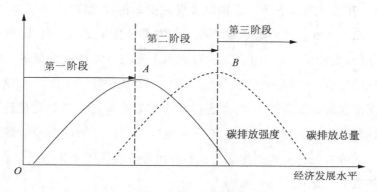

**图 2-1　碳排放强度演进阶段**

## 2.2　区域经济空间结构演化理论

### 2.2.1　区域经济的空间极化理论

　　空间极化理论是以法国经济学家 Francois Perroux 的增长极理论为基
础，随后 Boudeville、Miltonl Friedman、Karl Gunnar Myrdal、Hirschman
分别在不同程度上进一步丰富和发展了这一理论。Francois Perroux 的增长
极理论则是以极化空间假设作为研究基础，增长极是通过"力场"机制发
生极化关系[106,107]。20 世纪 60 年代中期，法国著名经济学家 Boudeville 重
新定义了空间的意义，将空间具体解释为"增长中心"的经济地理空间，
因此更强调了"增长极"的空间属性。同时，Boudeville 将"增长极""极
化空间"和城镇相互联系在一起，认为增长极是具有驱动力的经济单位，
因此赋予增长极以地理空间的概念特征[108,109]。区域空间结构是一个复杂的
反馈机制，同时影响着社会经济的发展。极化扩散效应是区域空间结构形

成以及发展的动力机制。Karl Gunnar Myrdal 提出的"回波效应"与"扩散效应"，以及 Hirschman 提出的"极化效应"与"涓流效应"，揭示了增长极与内地地区之间存在着关联和相互作用机制，即经济发达地区将对经济落后地区产生双重作用和影响。Karl Gunnar Myrdal 认为，社会经济发展是各种因素相互作用的非均衡动态发展过程，也是因果关系相互累积的结果，强调市场机制的驱动力往往表现为扩大区域间的差距，而不是缩小区域间的差距。二者之间的"回声效应"通常大于"扩散效应"，由此形成了地理上的二元经济结构特征[110]。Karl Gunnar Myrdal 还认为，政府通过采取积极主动的干预政策，将刺激落后地区的经济发展，进而填补由于因果循环累积而造成的经济差距。增长极理论将研究对象从抽象经济空间扩展到地理空间，进一步提出功能经济空间与区域两极分化的思想。两极分化过程不仅仅是一个自组织过程，也是一个可管理控制的过程[111]。自组织过程主要是指由于市场机制的自发行为引导企业和产业选择聚集在一些大中城市和地区，进而自发建立增长极，可控过程往往是指通过政府发布的"经济计划"和"投资重点"等引导建立的增长极。为此，许多国家以增长极理论作为制定区域发展战略、区域规划布局和区域产业政策的理论依据。

### 2.2.2　区域经济的空间分异理论

区域经济空间分异的代表性理论主要有美国经济学家 Williamson 提出的"倒 U 型"理论、美国地理学家 Friedman 提出的"核心-边缘"理论、中国经济地理学家陆大道提出的"点-轴"渐进式扩散理论等。在区域经济发展过程中，区域内各点之间的差距趋于扩大或缩小，一直是区域研究学者争论的焦点。

Williamson 提出了人均收入增长与地区差距之间的"倒 U 型"理论。"倒 U 型"理论将时间序列问题与区域空间结构变化分析相结合，认为区域空间结构的变动过程具有长期动态均衡的特征。"倒 U 型"理论将时间序列问题与区域空间结构变化相结合，进一步分析区域空间结构的动态演进过程，为区域发展战略的制定提供了理论依据。但是，该理论没有指出"倒 U 型"曲线抵达峰值及出现下降趋势的条件[112]。Friedman 提出的核心-边缘理论认为，任何区域的空间系统通常都是由中心子系统与外围（边缘）子系统组成。在区域经济增长过程中，各个空间子系统的边界将会发生变化，同时区域空间结构也将出现结构性的变化。因此，他提出了区域空间结构演变的四个阶段：离散型空间结构阶段（Discrete Space Structure Stage）、集中型空间结构阶段（Centralized Space Structure Stage）、扩散型空间结构阶段（Diffusion-type Space Structure Stage）及均衡型空间结构阶段（Balanced Space Structure Stage）[113]。Friedman 的核心-边缘理论建立起了区域空间结构与经济发展阶段的关系，揭示了区域经济发展过程中区域空间结构、区域工业化的变动规律。陆大道提出的"点轴"渐进式扩散模型理论认为，社会经济的主要经济体聚集在一起而形成"聚集点"，然后通过线性基础结构形成一个有机的空间结构体系。该理论提出"点轴"渐进扩散过程通常具有时空上的动态性及连续性的特征。"点-轴系统"理论是将点与轴有机地结合在一起，与增长极理论只强调"点"相比，"点轴"渐进式扩散模型理论能够更客观地反映社会经济空间组织的形态以及空间结构形成的规律。

### 2.2.3 区域空间相互作用理论

区域科学的创始人 Walter Isard 在《区域科学导论》《区域分析方法》和《工业综合体分析与区域发展》等著作中，提出将"空间系统（Space System）"作为区域科学的研究对象。他从区域经济发展与社会全面发展的现实要求出发，研究重点将进一步从部门区位决策转向各个部门的综合区域分析，将古典区位理论用于动态综合分析并建立区域整体的空间模型，研究一般区域均衡以及各种因素对区域总体均衡的动态影响[114,115]。此外，经济学家 Karl Gunnar Myrdal 和 Rene Descartes 等将"空间因素"引入经济发展的研究体系，在推动区域经济分析与建模、空间相互关系分析、区域经济发展及政策分析等方面发挥重要作用。空间相互关系是区域空间结构形成与演化的根本动因。20 世纪 50 年代，美国著名学者乌尔曼（Ullman）首次提出"空间相互关系（Spatial Relationship）"的概念，认为空间结构形成与演化过程中互补性、可转移性以及介入机会是重要的驱动要素；这三个基本要素对区域空间结构的形成及演变具有不同的影响，但又相辅相成。Boventer 对空间结构理论进行了系统分析和模型推导，认为决定空间结构和空间差异的最重要的因素是集聚、货运成本和经济对地方土地等生产要素的依赖；货运成本是投入产出要素空间流动的决定性因素[116]。Hoove 认为，生产要素的不完全流动和经济活动的不可分，促使经济活动不可能在空间上均衡分布，由此产生经济活动的空间分异[117]。新古典经济学家 Marshall 认为，当地劳动力市场和技术溢出等因素决定了经济的空间集聚[118]。另外，陆玉麒调查了区域中心城市与港口城市之间的对应关系，发现在区域中心城市和港口城市及其之间关联具有一定空间结构的属性[119]。由此，他提出了一个适用该地区的"双核"理论结构模式，认为区域增长和扩散的影响不一定是由"增长极"引起的，而可能是两个不同地区之间协同作用的结果[120]。

## 2.3  新发展格局的现代流通理论

### 2.3.1  新发展格局理论

加快构建以国内大循环为主体、国内国际双循环相互促进的新发展格局，是以习近平同志为核心的党中央根据我国发展阶段、环境、条件变化作出的战略决策，是与时俱进提升我国经济发展水平的战略抉择，也是塑造我国国际经济合作和竞争新优势的战略抉择[121]。这一理论为新时代推动我国经济高质量发展指明了方向，是马克思主义基本原理与中国、世界发展现实相结合的产物，丰富和发展了马克思主义的国民经济循环理论、经济发展理论及经济全球化理论，是对当前我国改革发展中诸多领域理论和实践的总括性、纲领性指南，是中国特色社会主义政治经济学的重大理论创新。

国内经济大循环是以满足国内需求为出发点和落脚点，以国内的分工体系和市场体系为载体，以国际分工和国际市场为补充和支持，以国民经济循环顺畅、国内分工不断深化、总体技术水平不断进步为内生动力的资源配置体系。而国际经济大循环则是以国际分工和国际市场为基础，以国际产业链和价值链为依托，以国际贸易、国际投资和国际金融为表现形式，基于比较优势的各经济体相互竞争、相互依存的经济循环体系。

构建新发展格局的理论基础来自于马克思主义政治经济学关于社会再生产和世界市场的理论。马克思主义社会再生产理论认为，社会再生产包括生产、分配、交换、消费四个环节[122]。其中，生产是整个经济活动的起点，居于支配地位；消费、分配、交换各环节对生产也有着反作用。由这些环节构成的经济循环是一个有机整体，只有各环节顺畅配合、相互促进，才能顺利实现社会再生产的循环。马克思主义世界市场理论认为，大工业把所有地方性的小市场联合成为一个世界市场，把全球各国人民，尤其是各文明国家的人民，彼此紧紧地联系起来[123]。由此，所有国家都被卷入了世界市场，自给自足和闭关自守的状态被打破，各民族之间的互相来往和互相依赖逐渐加深。构建新发展格局是对马克思主义理论的丰富和发展，开辟了马克思主义政治经济学新境界。强调以国内大循环为主体，就是要使生产、分配、流通、消费更多依托国内市场，畅通经济循环，形成国内统一大市场，增强国内大循环内生动力和可靠性；强调国内国际双循环相互促进，就是要实施更高水平对外开放，利用好国内国际两个市场、两种资源，提升国际循环质量和水平。

### 2.3.2 新经济地理学理论

（1）经济行为的空间集聚

新经济地理学认为任何制造业产品都会有运输成本，运输成本既包括由运输网络所产生的实际运输成本也包括由于地方保护主义所产生的非关税贸易壁垒。直观地说，制造业之间存在着一个前后联系的产业，如果它们能够汇集在一起，就可以减少中间投入品在运输过程中产生的损失，降低运输成本，从而减少中间产品的产生。因此，厂商共同的分工和协作而集聚在一起，这种形成空间集聚的力量被称为价格效应或制造前向关联。另外，企业具有聚集在一起形成产业集群的内在冲动；制造业的产品减少了从生产到消费的运输成本，工人支付的工资比其他非工业集群要高[124]。

因此，非工业集聚区的劳动力受到工业集聚区高薪的诱惑，也将被搬迁到产业集聚区的内部。这个产业集聚的力量往往被称为市场规模效应或制造业后向关联。这表明制造业的后向关联促使新进入制造业的企业选择在规模较大的地区投资设厂。因此，根据该理论，两种力量促进产业集聚分别是制造业的前向关联和制造业的后向关联。由于收益递增，运输成本和生产要素流动性的影响，相关产业往往聚集在一定的地区，进一步提升产业集群的竞争力[125]。因此，由于经济活动的外部性或溢出效应较强，企业创新与生产区位的选择趋于集中。因此，形成产业集聚并通过产业集聚获得规模经济收益。因此，在外部经济的作用下，企业资本将进一步流向发达国家或地区。因此，会出现一个累积周期的因果循环过程，这个过程会使市场体系失去平衡，导致区域增长水平的提高和收入分配差距的扩大。一般来说，劳动力的转移及资本的流动本身并不能改变各地区之间发展不平衡的状况，从而形成中心—边缘的空间分布格局。而且，随着经济全球化的发展以及区域经济一体化的不断扩大，区域间贸易成本的逐步降低，将进一步产生大规模的产业集聚现象。

（2）区域经济增长趋同

新经济地理学是以全球经济一体化为基础，从区域劳动力市场变化的角度分析经济增长收敛现象的[126]。根据新经济地理学，区域经济一体化对区域经济活动空间分布和收入分配差异的影响主要来源于市场规模的变动、运输成本的构成及地区之间劳动力的流动。如果经济一体化可以促进劳动力的自由流动，提高市场容量，降低交通运输成本，那么区域经济活动将聚集在一个更大的空间单位，核心区域与周边区域之间的差距将继续扩大或分化。张世俊和邓峰（2019）的研究发现，自主创新、对外投资及出口贸易均能显著促进地区经济增长，同时，该地区经济增长也与技术溢出等因素有关[127]。区域经济一体化将推动产品创新和生产的区域集中。当区域经济一体化水平处于较高水平时，产业将继续从中心地区向周边地区扩散。相反，如果劳动力在地区之间不存在流动性，则中心地区的劳动力成本将继续上升，促使经济活动出现空间分化。总之，新经济地理学以 Robert

Merton Solow 的新古典增长模型为基础，提出了收益递增和不完全竞争的理论假说，为厂商区位选择提供了理论依据。新经济地理研究成果显示，地区趋同现象将继续扩大。

（3）地理因素与新经济地理学

新经济地理学是以传统经济地理学理论为基础，新经济地理学主要集中在经济报酬递增、交通运输成本与劳动力要素流动之间过程中所产生地理空间的向心力。相互作用的结果将促使原来相同的两个地区最终演变成中心区与周边区域的产业集聚模式，其关键原因是保持工资收入水平的高度弹性及对劳动力流动的敏感。在整个研究过程中，新经济地理学理论更多强调地理距离在经济发展中的作用。尽管全球化和技术进步导致空间货物运输和信息传递的距离更远，但地理距离仍然对经济发展产生深远的影响[128]。人员和物质载体传达一些信息，而人员流动的成本远高于搬运货物的运输成本[129]。随着交通与运输业的发展，劳动力转移将更加便利，但是劳动力的地理空间流动性仍将受到很大的制约和限制[130]。特别是对于仍处于发展阶段的国家和地区的经济增长，地理空间因素对区域经济发展、货物运输、人员流动及信息传递的影响和制约依然显著。李方一和刘卫东（2014）研究表明新经济地理学能够解释美国在 19 世纪后半叶至 20 世纪初制造业集中的内在机理[131]。

## 2.3.3 现代流通体系

现代流通能力越来越成为国家核心竞争力，在一定程度上决定了国内国际双循环新发展格局的质量。以畅通国民经济循环为目标加快构建新发展格局，必须大力推动中国流通理论创新[132]。加快建设现代流通体系，扩大市场交易，推动区域分工深化和一体化发展，有利于更好发挥大国经济纵深优势，实现跨区域良性循环，促进发达地区与欠发达地区、东中西部、城乡协调发展。同时，世界贸易和产业分工格局加速调整，我国加快构建新发展格局，需要现代流通更高水平支撑国内大循环和国内国际双循环。加快建设现代流通体系，拓展全球流通网络，培育跨国流通企业，增强国内国际两个市场、两种资源配置能力，有利于更好发挥我超大规模经济体引力场作用，聚集全球商品和资源要素，促进形成国际合作和竞争新优势。

在社会再生产过程中，流通效率和生产效率同等重要，是提高国民经济总体运行效率的两个重要方面。根据马克思主义经济学理论，流通是产品从生产领域最终到达消费者之间所必须经过的一系列过程，流通存在的条件是社会分工。马克思认为每个商品的形态变化系列所形成的循环，同其他商品的循环不可分割地交错在一起。这其中的全部过程就表现为商品流通。流通是连续的过程，而交换是偶然的；交换是个别现象，而流通是交换的综合。因此，流通包含了交换、商业和贸易，是对这些经济活动连续的、总体的考察。商贸流通作为流通的核心要素，是连接生产和消费的重要纽带和桥梁。

流通体系是现代产业体系的重要组成部分，流通水平很大程度决定着国内大循环、国内国际双循环的速度与质量。而对于流通理论的时代化而言，最重要的方向是中国化的创新发展，及时归纳提炼中国特色社会主义市场经济的流通特殊性与共性[133]。如何与我国基本经济制度相联系，实现简单商品流通目的和资本流通手段的有机结合，就是典型的中国化问题。对流通业的基础性和先导性定位、以政府和国有经济为主导的重要商品储备制度、以供给侧结构性改革为主线的现代流通体系建设等，及时将流通行业发展中这些行之有效的中国经验上升为系统化学说，不仅能对马克思主义流通理论的发展与创新做出贡献，还能更好地指导我国未来实践，助力构建以国内大循环为主体、国内国际双循环相互促进的新发展格局。

## 2.4 碳排放强度特征与要素协同作用

### 2.4.1 区域碳排放强度时空演进的内涵及特征

区域碳排放强度的演进以地理空间邻近为基础，将地理学的基本思想纳入区域碳排放强度时空演进规律的分析框架，其具有以下特征：

（1）空间差异性

空间差异性又称为空间异质性，反映了研究对象空间行为以及空间关系的不稳定性特征。空间异质性是验证区域数据空间效应的重要识别来源，其主要反映的是地理空间多种因素对观测对象产生的影响，从而产生某一区域单元具有不同于其他单元的特点，即整个空间系统通常表现出不均质性的空间特征。空间异质性的存在要求研究实际问题时，需关注区域空间表现出不同的空间特性。由于各地区在经济发展水平、经济结构、资源禀赋和政府政策导向等方面存在较大的差异，因此碳排放强度存在不均衡性的空间分布差异。区域间和区域内经济发展的叠加效应将决定各区域碳排放强度最终的峰值。处于不同经济发展阶段的地区抵达碳排放强度峰值的时间也存在着较大的差异，峰值拐点前后通常需要较长的时间积累。碳排放强度空间分布的不均衡将对区域环境治理、碳排放强度减排目标及碳排放总量的达峰带来负面影响。在分解碳排放强度减排目标和制定区域碳排放强度减排政策时，应充分考虑碳排放强度空间分布差异的形成原因及其变动趋势，从而以较低的社会经济总成本完成碳减排目标。

（2）空间关联性

空间关联性又称为空间依赖性或空间自相关性。空间依赖性是指相邻区域的空间观测值并非完全独立，而是具有一定的相似性，即一个地点或地点的观察值往往依赖于邻近地区的邻近观察值。相关性指标是验证区域观测对象是否存在空间效应的重要来源。空间依赖性是指区域经济行为或区域政策演变过程中表现出的空间特征，即现实中的各个空间观测单元之间存在着实质性的相互影响。经济系统中区域之间经济要素的流动性、技术的扩散性、资本的流动性及劳动力的迁移行为会通过示范效应、激励效应、竞争效应等途径促使经济系统在空间产生一定的关联性，这些是区域经济行为演变过程中所表现出的空间依赖性，即空间关联性。碳排放强度是经济发展的环境效率指标，由于区域经济发展、环保技术等形成的空间溢出效应更多是通过影响效率传导至相邻区域的，区域碳排放强度的变动不仅受本区域相关变量的影响，而且受周边区域相关变量的影响，因此碳排放强度变动在区域之间形成更强烈的空间相关性。碳排放强度在区域空间分布上具有空间相关性，即距离近的地区之间碳排放强度的相关性强于距离远的地区之间，因此区域碳排放强度时空演进的研究有必要考虑地理空间效应的关联性。同时，政府在制定节能减排政策时，必须综合考虑本地区及其他相邻地区的经济发展与减排路径的关联性，促进区域内与区域间协同合作，以确保减排政策的有效性。

（3）空间集聚性

集聚是指生产要素流动与各种经济活动在地理空间分布上所呈现的集中趋势和演进过程。产业集聚有利于信息、劳动力和基础设施的共享，从而降低生产成本；人口集聚有利于降低总体的生活成本。规模报酬和技术溢出促进经济活动在空间上更加集中，经济集聚有利于提高能源和环境的效率。目前，促进经济集聚是实施节能减排政策的有效途径。碳排放强度的空间集聚情况能够反映区域单位地理范围所分布的碳排放强度的规模，并体现集聚的空间范围。由此，应从区域经济发展的内在规律出发，对区域整体的碳排放强度演进过程进行合理性判断。根据收敛理论的解释，结构特征相同、初始状态也相互接近的个体最终将收敛于同一稳态水平，由此产生区域碳排放强度局部空间集聚的异质性收敛特征。

## 2.4.2　区域碳排放强度时空演进的多维要素协同作用

经济系统分析中的区域单元并不是作为独立的个体存在的，一个地区的经济发展、产业政策、对外开放水平会被其他地区观测到，而且经济发展水平的不断提高、城市化进程的推动也势必对其他邻近地区的能源消费等产生一定的溢出效应，而技术进步的扩散和溢出效应也将对邻近地区的碳排放效率及节能减排的发展产生影响。碳排放强度变动的影响因素有很多，各因素对区域碳排放强度变动的影响存在着时空上的差异性。地理位置相邻的地区通常拥有相似的资源禀赋条件，并且地理位置邻近将有利于地区之间资金的流动及技术信息的交流与传递等。因此，需要将时空效应纳入碳排放强度时空演进影响因素的分析框架。将地理空间因素考虑进来，利用空间面板回归与分位数回归来研究碳排放强度影响因素的时空溢出性，各驱动因素对碳排放强度时空演进的作用机制反映出区域碳排放强度局部空间关联状态的转移情况。

综上所述，本研究从复杂性科学的视角，将区域碳排放强度系统视为一个复杂适应系统（Complex Adaptive Systems，CAS），该系统由多个区域子系统组成[134]。在区域碳排放强度时空演进过程中，各个子系统之间碳排放强度的变动存在着差异性、关联性及局部空间集聚等自组织的时空演进特征。由于各个子系统之间差异性与关联性并存，将促使结构特征相同、初始状态也相互接近的个体最终将收敛于同一稳态水平，因此整个系统将出现异质性收敛的相对稳态；当多维要素协同作用的外部环境发生作用时，促使各个子系统之间的差异性不断缩小，系统出现进一步异质性收敛的相对稳态；系统将在集聚与分异的时空交互作用及驱动因素的循环积累过程中趋向绝对稳态的均衡。因此，本研究将从系统的"集聚—分异—跃迁—驱动机制—治理模式"的逻辑关系出发，将时空效应纳入中国碳排放强度时空演进的分析框架，在对区域碳排放强度时空演进基本特性进行分析的基础上，实证检验中国碳排放强度时空分异及其跃迁的涌现规律，更多地将复杂系统中的宏观结构与微观机理结合在一起，进一步设计和优化新的环境规制政策。

## 2.5　本章小结

如何有效地减少碳排放是国际政治经济及学术研究关注的热点之一，更是中国实现低碳转型发展的重要组成部分。将碳排放强度作为分配减排配额的依据，要基于时间与空间的双重视角，从"中国""区域"与"省际"多层面深入探析中国碳排放强度时空演进的规律。随着时态地理信息系统和空间计量经济估计技术的迅速发展，空间计量模型的构建为碳排放强度空间格局的动态演进研究奠定了坚实的基础。本章根据国内外文献研究及相关理论基础，沿着碳排放时空演进、区域空间结构演化及新经济地理学理论的分析方法和思路，明晰中国碳排放强度时空演进及其驱动机制研究的理论分析框架。在此基础上，本书将进一步利用统计数据和地理空间数据进行空间统计的实证分析。

# 第 3 章  中国碳排放强度的测度分析

碳排放强度指标反映的是经济发展过程中的资源利用效率及碳排放效率。碳排放强度指标的高低在一定程度上可以反映一个国家或地区的技术效率水平。碳排放强度的准确评估是建立碳减排政策的基础，因此，国家和地区碳减排政策的制定需要重点关注各省区市碳排放强度的变动，降低碳排放强度是实现低碳经济转型的重要组成部分。因此，本章在对各省区碳排放量及碳排放强度空间面板数据进行测算的基础上，对中国碳排放强度的变动和时空分布状况进行分析。

## 3.1  中国碳排放强度的主要测度方法

### 3.1.1  碳排放总量的测度

温室气体的主要来源是石化燃料的燃烧，特别是二氧化碳（$CO_2$）[135]。能源部门的石化燃料燃烧是中国二氧化碳排放的主要来源[136]。本书研究以我国 30 个省区市作为研究对象（香港、澳门、台湾和西藏不在本书研究范围之内）。由于当前没有公布中国各省区市 $CO_2$ 排放量的统计数据，因此 $CO_2$ 排放量的估算方法一般采用 IPCC 推荐的计算方法[135,136]，计算公式如下：

$$CE_i^t = E_i \times CEF_i \tag{3-1}$$

式（3-1）中，$CE_i^t$ 是 $t$ 年度 $i$ 省区市能源消费所产生的碳排放量的估算值；$E_i$ 为 $i$ 省区市能源的消费总量；$CEF_i$ 为 $i$ 省区市能源消耗碳排放系数。数据来源于《中国能源统计年鉴》。

由于各地区的能源结构存在一定的差异，且不同能源品种的碳排放系数也不同，因此本研究中通过构造各省区市的平均能源消耗的碳排放系数来测算各省区市碳排放的总量。平均碳排放系数反映了不同能源结构下单位能源消费所产生的碳排放综合效应。各省区市平均能源消耗的碳排放系数如表 3-1 所示。

表 3-1　中国 30 个省区市的碳排放系数

| 省区市 | 碳排放系数 | 省区市 | 碳排放系数 | 省区市 | 碳排放系数 |
|---|---|---|---|---|---|
| 北京 | 0.69 | 浙江 | 0.69 | 海南 | 0.57 |
| 天津 | 0.80 | 安徽 | 0.88 | 重庆 | 0.63 |
| 河北 | 0.91 | 福建 | 0.66 | 四川 | 0.63 |
| 山西 | 1.44 | 江西 | 0.86 | 贵州 | 0.78 |
| 内蒙古 | 1.05 | 山东 | 0.79 | 云南 | 0.84 |
| 辽宁 | 0.74 | 河南 | 0.78 | 陕西 | 0.81 |
| 吉林 | 0.76 | 湖北 | 0.78 | 甘肃 | 0.68 |
| 黑龙江 | 0.73 | 湖南 | 0.70 | 青海 | 0.45 |
| 上海 | 0.87 | 广东 | 0.71 | 宁夏 | 0.81 |
| 江苏 | 0.75 | 广西 | 0.68 | 新疆 | 0.63 |

数据来源：王铮，朱永彬．我国各省区碳排放量状况及减排对策研究［J］．中国科学院院刊，2008，23（2）：109－115.

### 3.1.2　碳排放强度的测度

碳排放强度是用来衡量一个国家或地区经济发展和碳排放量之间关系的指标，是单位国内生产总值与其产生的二氧化碳排放量的比值。因此，$t$ 年度 $i$ 省区市碳排放强度的计算公式如下：

$$CI_i^t = \frac{CE_i^t}{GDP_i^t} \tag{3-2}$$

式（3-2）中，$CI_i^t$ 为 $t$ 年度 $i$ 省区市的碳排放强度；$CE_i^t$ 是 $t$ 年度 $i$ 省区市二氧化碳排放量的估算值；$GDP_i^t$ 是 $t$ 年度 $i$ 省区市的 GDP。数据来源于《中国统计年鉴》，并将按照 1997 年的价格水平调整后的实际 GDP 作为衡量中国经济发展水平的指标。

全国 $t$ 年度的碳排放强度的计算公式如下：

$$CI^t = \frac{\sum\limits_{i=1}^{30} CE_i^t}{\sum\limits_{i=1}^{30} GDP_i^t} \tag{3-3}$$

式（3-3）中，$CE_i^t$ 是 $t$ 年度 $i$ 省区市碳排放量的估算值；$GDP_i^t$ 表示 $t$ 年度 $i$ 省区市的 GDP。

## 3.2　中国碳排放强度的总体状况分析

### 3.2.1　中国碳排放总量与碳排放强度的比较分析

碳排放强度能够反映一个国家的经济发展与 $CO_2$ 排放量之间的关系，碳排放强度指标也能够揭示一个国家能源使用效率与能源消费结构是否合理。碳排放强度越小，说明经济结构越合理，造成的环境污染越小，科技发展水平越高。根据碳排放量和碳排放强度公式的计算结果如图 3-1 所示。由图 3-1 可知，碳排放总量和碳排放强度变动趋势存在较明显的差异。从 1997 年到 2016 年，中国的能源消费碳排放量从 137 653 万吨逐年增加为 455 162 万吨，年均增长率达 6.67%；但是碳排放强度仍呈下降的趋势，由 1.43 吨/万元（1997 年）下降到 0.47 吨/万元（2016 年）。研究期间，碳排放强度基本上在 2.0 吨/万元以下且出现小幅度的波动。其中，除 2003 年到 2007 年碳排放强度出现短暂小幅波动之外，其余时间段内碳排放强度均呈现逐年降低的趋势。总体来看，碳排放强度呈下降的趋势。从 1997 年开始，碳排放强度指标呈不同程度的下降趋势，这表明每生产一单位的产值，$CO_2$ 的排放量逐渐下降。在碳排放强度的诸多影响因素中，能源的利用率和能源结构变化的影响较显著。

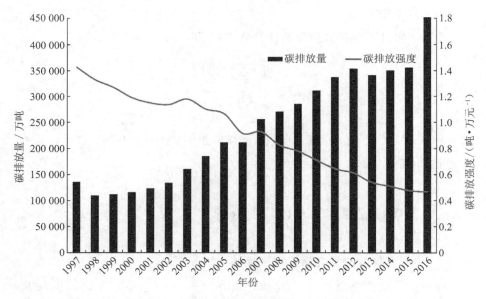

资料来源：由《中国统计年鉴》《中国能源统计年鉴》相关数据整理计算。

**图 3-1 中国碳排放量与碳排放强度演变趋势**

### 3.2.2 中国各省区市碳排放量与碳排放强度的比较分析

全国及各区域碳排放强度的时空演化都是以各省区市碳排放强度的演变趋势为基础的，所以对各地区碳排放强度数据的研究分析有利于明确全国及区域碳排放强度的演化机理和规律，如图 3-2 所示。从这 20 年各省区市碳排放强度均值的分析可知，中国有 14 个地区碳排放强度的年平均值超出了全国平均水平（0.91 吨/万元），分别是河北（1.48 吨/万元）、山西（4.19 吨/万元）、内蒙古（2.09 吨/万元）、辽宁（1.15 吨/万元）、河南（0.91 吨/万元）、湖北（0.91 吨/万元）、吉林（1.08 吨/万元）、黑龙江（1.00 吨/万元）、安徽（0.96 吨/万元）、贵州（2.15 吨/万元）、云南（1.18 吨/万元）、陕西（1.04 吨/万元）、甘肃（1.38 吨/万元）、青海（1.15 吨/万元）、宁夏（2.44 吨/万元）和新疆（1.28 吨/万元）；河南（0.91 吨/万元）和湖北（0.91 吨/万元）的碳排放强度年均值与全国平均水平持平。其中，中国有 6 个地区的碳排放量年均值超出全国平均水平

（7 812 万吨），分别是河北（18 680 万吨）、山西（19 525 万吨）、内蒙古（11 921 万吨）、辽宁（11 781 万吨）、河南（12 260 万吨）和湖北（8 874 万吨）。由此可以推断，导致该地区碳排放强度高的主要原因是资源利用效率较低，仍需要特别注意经济发展方式的转变。另外，有 10 个地区的碳排放量年均值低于全国平均水平（7 812 万吨），分别是贵州（5 309 万吨）、云南（5 682 万吨）、陕西（5 499 万吨）、甘肃（3 343 万吨）、青海（964 万吨）、宁夏（2 377 万吨）、新疆（4 788 万吨）、吉林（4 816 万吨）、黑龙江（6 610 万吨）和安徽（6 987 万吨），主要分布在东北、西北和西南地区。由此来看，经济发展水平的低下是导致该地区碳排放强度居高不下的主要原因。同时，有 14 个地区的碳排放强度年均值低于全国平均水平（0.91 吨/万元），分别是北京（0.64 吨/万元）、天津（0.86 吨/万元）、上海（0.75 吨/万元）、福建（0.47 吨/万元）、江西（0.75 吨/万元）、湖南（0.75 吨/万元）、广西（0.67 吨/万元）、海南（0.45 吨/万元）、重庆（0.86 吨/万元）、江苏（0.58 吨/万元）、浙江（0.52 吨/万元）、山东（0.79 吨/万元）、广东（0.52 吨/万元）和四川（0.82 吨/万元）。其中，有 9 个地区的碳排放量年均值低于全国平均水平（7 812 万吨），分别是北京（3 921 万吨）、天津（4 098 万吨）、上海（7 505 万吨）、福建（4 761 万吨）、江西（4 250 万吨）、湖南（7 261 万吨）、广西（3 978 万吨）、海南（612 万吨）和重庆（3 674 万吨）。由此可以推测，随着人们环保意识的增强和政府减排政策的有效落实，区域碳排放强度的减排效果将逐步显现。另外，有 5 个地区的碳排放量年均值高于全国平均水平（7 812 万吨），分别是江苏（14 254 万吨）、浙江（8 810 万吨）、山东（19 455 万吨）、广东（14 006 万吨）和四川（8 420 万吨）。由此可以推测，一个地区的 $CO_2$ 排放量较高并不一定意味着该地区碳排放强度也高，因为碳排放强度主要考察的是单位经济增长的 $CO_2$ 排放量，经济发展速度大于碳排放量的增长速度才是导致这些地区碳排放强度低于全国平均值的主要原因。

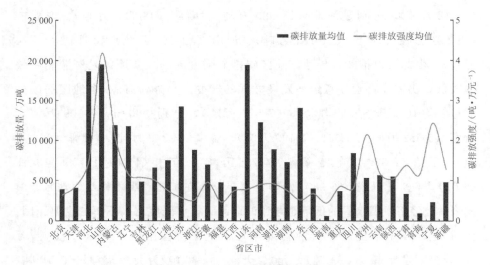

图 3-2　中国省区市碳排放量和碳排放强度均值变动

## 3.3　中国碳排放强度的变动状况分析

### 3.3.1　中国碳排放强度的增长状况分析

图 3-3 所示为中国碳排放强度及其年度增长率。由图 3-3 可以发现，2003 年和 2007 年碳排放强度的增长率为正值，其余年份均为负值。这说明中国碳排放强度总体上呈下降的趋势，碳排放强度的控制成效较好，有望实现 2020—2030 年碳排放强度下降的目标。

中国碳排放强度的变化大致经历了三个阶段：1997—2002 年为第一阶段，碳排放强度呈现急剧下降的趋势，碳排放强度从 1997 年的 1.43 吨/万元逐步下降到 2002 年的 1.14 吨/万元。这主要是因为 1997 年提出的《京都议定书》对主要工业国家温室气体的排放量做出了更加明确的规定。从此之后，各国决策者对经济、能源、环境及与其相关的一系列问题更加关注。2002—2003 年为第二阶段，碳排放强度从 1.14 吨/万元上升为 1.18 吨/万元，呈现小幅波动上升趋势，这主要与该时期中国开始进入重工业化阶段有关。从 2002 年开始，中国新一轮的经济增长周期呈现出重工业化的特征，碳排放强度缓慢上升并趋于平稳。2003—2016 年为第三阶段，碳排放强度开始呈现出逐步下降的趋势，从 2003 年的 1.18 吨/万元逐渐下降到 2016 年的 0.47 吨/万元，并且 2006 年、2008 年和 2013 年的下降幅度波动较大（下降幅度在 11.01％以上），这是因为中国度过了重工业化的转折期。这表明在"十一五"及"十二五"过渡期间，随着环保技术水平的提高及人们环保意识的不断增强，中央政府和地方政府进一步加大了对碳排放的控制力度，因此碳排放强度减排的成效也越来越突出。中国进一步优化能源消费结构，2015 年中国非石化能源占一次能源的比重已经达到 12.0％，超额完成了"十二五"规划的目标（11.4％）。"十三五"规划要求重点治理区域流域的碳排放，推进工业污染物减排，推进流动污染源减排，加强生活污染源综合治理和农业污染排放治理。这些政策规划对于中国近五年的碳排放起到了极佳的作用，中国的碳排放缓慢持续降低，这让中国完成了国际公约减少碳排放的承诺，同时也符合中国作为一个负责任的大国的姿态。

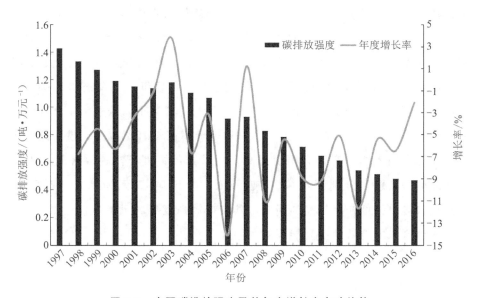

**图 3-3　中国碳排放强度及其年度增长率变动趋势**

由图 3-3 还可以看出，中国 2016 年的单位国内生产总值二氧化碳排放比 2005 年的下降了 56.04％左右，但离 2015 年中国政府承诺的目标（到 2030 年，单位国内生产总值的二氧化碳排放，比 2005 年下降 60％～65％）仍然存在差距；同时，自 2014 年之后，虽然碳排放强度逐年降低，但下降速度逐渐放缓，中国 2016 年的单位国内生产总值二氧化碳排放比 2015 年下降了 2.11％左右。因此，为确保 2030 年左右中国的二氧化碳排放总量达到峰值，监控碳排放强度下降速度显得尤为重要。

### 3.3.2　中国各省区市碳排放强度的增长状况分析

碳排放强度是衡量碳排放量与经济增长之间变动关系的重要指标。如果一个国家或地区在保持经济增长的同时，实现碳排放总量的不断下降，则表明该国家或地区实现了"经济增长同时污染下降"的双重标准的低碳发展模式。图 3-4 所示为 1997 年和 2016 年中国各省区市碳排放强度。从中国省际碳排放强度的变动情况不难看出，绝大部分省区市的碳排放强度呈逐渐减小的趋势，但是各省区市之间的差距依然较大。1997 年，最大碳排放强度（山西，6.79 吨/万元）是最小碳排放强度（海南，0.54 吨/万元）的 12.57 倍；2016 年，最大碳排放强度（山西，2.18 吨/万元）是最小碳排放强度（北京，0.19 吨/万元）的 10.62 倍。从碳排放强度变化趋势可以看出，中国 30 个省区市的碳排放强度呈现不同程度的下降态势。碳排放强度年均下降速度较快的有北京、吉林和贵州等省区市，分别为 1.27 吨/万元、1.87 吨/万元和 3.22 吨/万元，年均下降率在 4.15％以上，说明这些省市的能源利用效率均有较大幅度提高；而碳排放强度下降速度较慢的有福建、海南和新疆，分别下降 0.27 吨/万元、0.26 吨/万元和 0.87 吨/万元，尤其是碳排放强度初期较高的新疆，其碳排放强度年均下降率仅为 2.25％，表明该地区未能有效地提高能源的利用效率。

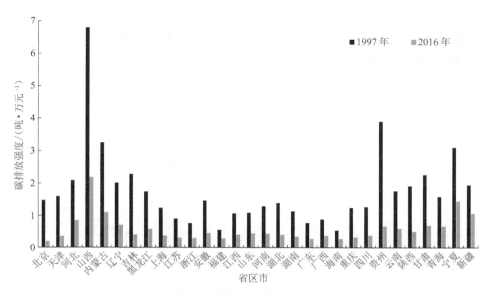

**图 3-4 中国省区市碳排放强度变动比较**

## 3.4 中国碳排放强度的时空分布分析

### 3.4.1 中国各省区市碳排放强度变动趋势的比较分析

图 3-5(a)—(f)所示为中国 30 个省区市碳排放强度的变动趋势。由图 3-5 (a)—(f)可知,山西、贵州和内蒙古是碳排放强度下降幅度最明显的三个省份,它们的基期碳排放强度分别为 6.79 吨/万元、3.9 吨/万元和 3.24 吨/万元,对应的下降幅度分别为 4.61 吨/万元、3.22 吨/万元和 2.14 吨/万元,远远高于其他省份,下降空间很大;而基期年份碳排放强度较低的省份,如浙江、福建、海南,其下降幅度要比碳排放强度较高的省份小,它们的基期碳排放强度分别为 0.75 吨/万元、0.56 吨/万元和 0.54 吨/万元,下降幅度分别为 0.45 吨/万元、0.27 吨/万元、0.26 吨/万元。从整体来看,1997 年以来,中国大部分省区市的碳排放强度均呈显著的下降趋势。这充分说明中国资源的利用效率在整体上得到了很大的提高,也是中国近年来

加大环境保护和环境治理力度取得较好成效的具体体现。但是，各省区市下降的过程中存在的共性与差异，以及各省区市碳排放强度的下降是否存在着关联，仍有待进一步讨论。

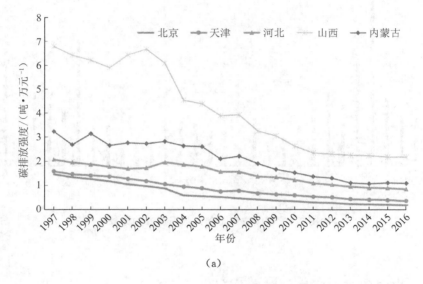

（a）

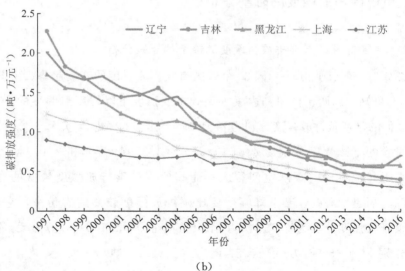

（b）

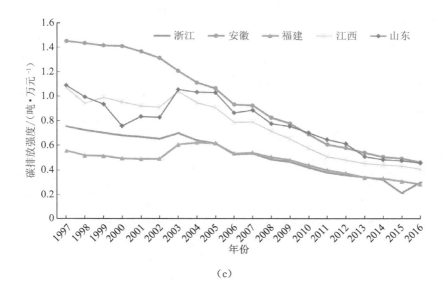

（c）

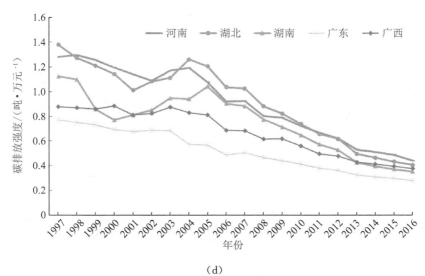

（d）

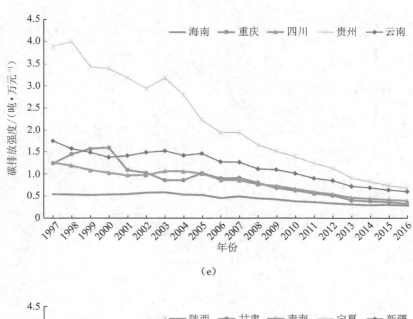

（e）

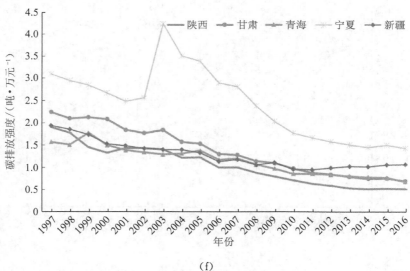

（f）

图 3-5　中国省区市碳排放强度的变动特征

### 3.4.2　中国各省区市碳排放强度空间分布的可视化分析

为了更好地分析和比较各地区碳排放强度的差异，采用 ArcGIS 绘制出 1997 年、2000 年、2004 年、2008 年、2012 年和 2016 年中国 30 个省区市（西藏、港澳台除外）碳排放强度的空间分布图，如图 3-6 所示。由图 3-6 可知，在样本考察期内，中国各省区市的碳排放强度水平整体上呈现下降趋势，但碳排放强度的空间分布很不均衡；总体而言，从沿海地区向内陆地区呈递增的分布规律。中国碳排放强度的分布呈现"北高南低"的特征，与程叶青等（2013）的结论一致[137]。其中，高碳排放强度区域主要分布在新疆、青海、内蒙古、甘肃、宁夏等省区市，属于丝绸之路经济带；而低碳排放强度区域主要分布在海南、广东、福建等沿海省区市，位于海上丝绸之路起点。

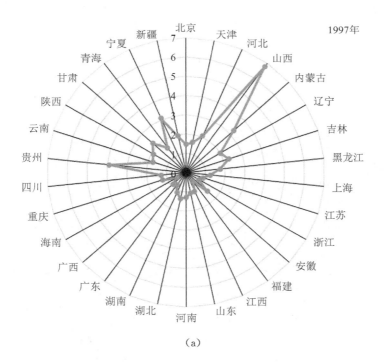

（a）

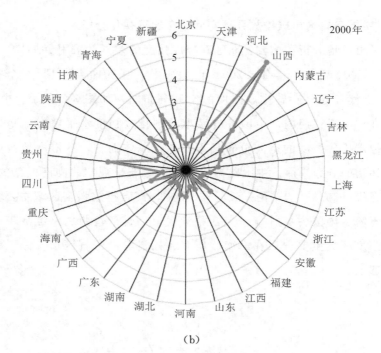

（b）

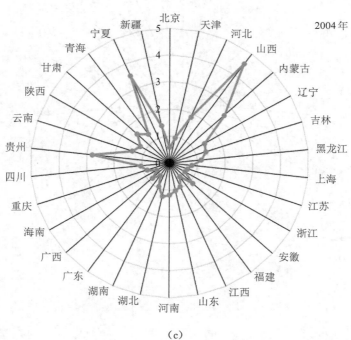

（c）

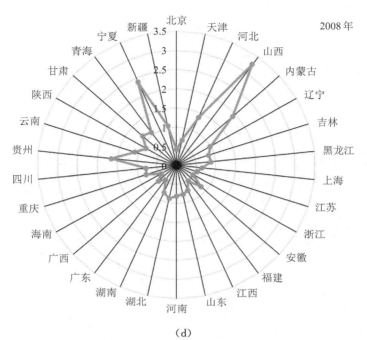

（d）

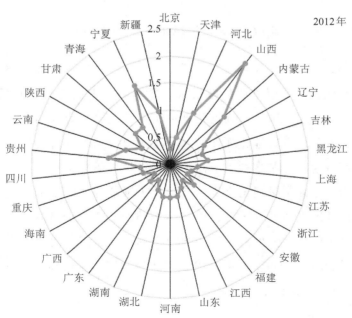

（e）

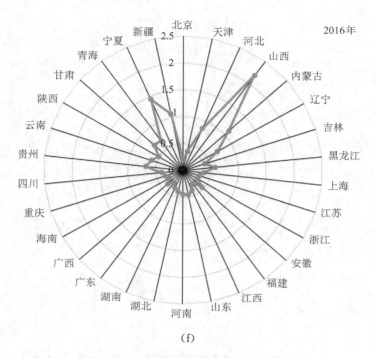

(f)

**图 3-6　中国碳排放强度的时空分布情况**

　　从碳排放强度省际分布结果来看，高碳排放强度区域主要集中在中国的西北部地区，而低碳排放强度区域主要分布在中国的东南部沿海地区。这一现象与发达地区碳排放强度较低的情况相吻合，可能与各地的经济发展水平差异有关。高碳排放强度的省区市主要分布在西北内陆地区，低碳排放强度区域主要分布在东南沿海的省区市，碳排放强度由西北内陆省区市向东南沿海省区市呈现出递减的趋势，中国碳排放强度的时空分布特征与目前中国政府提出的丝绸之路经济带的路线趋于重合。基于此，本书将根据各省区市碳排放强度的变动趋势及空间分布状况，将全国划分为丝绸之路经济带、21 世纪海上丝绸之路、东北经济区、长江经济带、京津冀经济区这五大经济区域。

## 3.5　本章小结

根据 IPCC 推荐的二氧化碳排放量的估算方法，利用中国各省区市的石化能源消费数据和各省区市平均能源消耗碳排放系数，计算出各省区市单元碳排放总量和碳排放强度，并对全国及各省区市的碳排放总量和碳排放强度的变动状况，以及碳排放强度空间分布状况进行分析。研究表明：首先，20 年间中国碳排放强度在整体上呈现下降的趋势。从空间分布层面来看，中国的 $CO_2$ 排放量和碳排放强度呈现从东南沿海向西北内陆递增的特征，且由于区域内经济发展水平的差异，出现 $CO_2$ 排放量上升但是碳排放强度下降的反方向变化的情况，说明政府应考虑各个地区经济发展的实际情况，制定更加有针对性的减排政策；30 个省区市碳排放强度中有 15 个省区市的碳排放强度超过全国的平均水平，且各省区市之间碳排放强度差异巨大，由此看来，目前中国降低碳排放强度的任务依然艰巨。从 30 个省区市碳排放强度的比较结果来看，其中 15 个省区市的碳排放强度仍然高于全国碳排放强度的平均水平，同时各省区市碳排放强度的变动差异也很明显，这说明目前中国碳排放强度减排的任务依然十分艰巨。其次，中国碳排放强度空间分布的差异十分显著。高碳排放强度区域主要分布在甘肃、新疆、陕西、宁夏等丝绸之路经济带省区市；低碳排放强度区域主要分布在上海、江苏、浙江、福建、广东等位于海上丝绸之路起点的省区市。

本书根据碳排放强度时空分布及其变动特征进一步划分出了更能够反映中国碳排放强度实际情况的五大经济区域。研究表明，中国碳排放强度整体呈下降的趋势，但是各省区市间的碳排放强度差异很大。由于中国地域辽阔，各省区市经济水平、资源禀赋分布不均，人口发展和能源结构也存在着较大的差异。经济发展不平衡将不可避免地导致碳排放强度存在区域性差异，但过度的区域差异将制约区域协调发展，阻碍政策实施，增加社会发展成本。

# 第 4 章　中国碳排放强度的空间差异分析

可视化方法虽然可以清楚地体现中国碳排放强度的空间分布不均衡性，但是并不能充分地解释这种差异的成因和演变规律。因此，还需要进一步对中国碳排放强度的空间差异进行深入分析，探究空间差异的来源。碳排放强度空间差异的测度可以分为绝对差异和相对差异。绝对差异反映区域碳排放强度的实际差异，可以用绝对指标如极差（Range）和标准差（Standard Deviation）来衡量。相对差异反映碳排放强度的变化率，可以用相对指标（如基尼系数和泰尔指数等）来衡量[138]。有多种指标可以度量地区差距，其中，极差法和标准差法能够比较直观地反映地区差距的趋势；泰尔指数对高值数据相对敏感，可对碳排放强度的总体差异进行区域分解，从而分析区域内差异和区域间差异对总体差异的影响。因此，本书中采用极差、标准差和泰尔指数来衡量区域的碳排放强度差异。

## 4.1　中国碳排放强度空间差异的测度方法

### 4.1.1　绝对差异测度方法

（1）极差

极差是用来衡量最大值和最小值之间差异程度的指标，计算公式如下：

$$R = CI_{max} - CI_{min} \tag{4-1}$$

式（4-1）中，$R$ 为碳排放强度的极差；$CI_{max}$ 为碳强度最大值；$CI_{min}$ 为碳强度最小值。

（2）标准差

标准差是各地区碳强度相对于全国平均水平的离散程度的反映，标准差越大，说明有越多地区的碳排放强度与全国平均值之间的差异较大，计算公式如下：

$$S = \sqrt{\frac{n\sum\limits_{i=1}^{n}\mathrm{CI}_i^2 - (\sum\limits_{i=1}^{n}\mathrm{CI}_i)^2}{n(n-1)}} \tag{4-2}$$

式（4-2）中，$S$ 为碳排放强度的标准差；$n$ 为样本中省区市的个数（$n=30$）；$\mathrm{CI}_i$ 为 $i$ 省区市的碳排放强度。

极差和标准差可以用来表示地区碳排放强度的绝对差异。它们的值越大，表示地区绝对差距越大，反之亦然。

### 4.1.2　相对差异测度方法

（1）泰尔指数

1967 年，荷兰经济学家泰尔（Theil）提出以基于信息论的熵概念来衡量不同地区（国家）或个人之间的收入差距，由此提出了泰尔指数。在研究区域差异时，泰尔指数可分为区域总体差异、区域间差异和区域内差异。泰尔指数为 0～1，数值越大，区域差异程度越大；反之，数值越小，区域差异程度越小。根据 Rey 和 Janikas（2006）的方法[139]，泰尔指数的计算公式如下：

$$T_{\mathrm{CE/GDP}} = \sum_{i=1}^{n} \frac{\mathrm{CE}_i}{\mathrm{CE}} \log\left(\frac{\mathrm{CE}_i/\mathrm{CE}}{\mathrm{GDP}_i/\mathrm{GDP}}\right) \tag{4-3}$$

式（4-3）中，$T_{\mathrm{CE/GDP}}$ 是碳强度的总体泰尔指数，用于测算碳强度省际总体差异；$\mathrm{CE}_i$ 为 $i$ 省区市的 $CO_2$ 排放总量；$\mathrm{CE}$ 为全国的碳排放总量；$\mathrm{GDP}_i$ 是 $i$ 省区市的国内生产总值；$\mathrm{GDP}$ 是全国的国内生产总值。

（2）泰尔指数分解

泰尔指数可以利用下式进行区域分解[139]，计算公式如下：

$$T_{\mathrm{CE/GDP}} = T_{\mathrm{CE/GDP}(wr)} + T_{\mathrm{CE/GDP}(br)} \tag{4-4}$$

省区市的碳强度总体差异可分解成区域内差异和区域间差异。$T_{\mathrm{CE/GDP}(wr)}$ 和 $T_{\mathrm{CE/GDP}(br)}$ 分别代表碳强度区域内差异和区域间差异的泰尔指数，计算公式如下：

$$T_{\text{CE/GDP}(wr)} = \sum_{j=1}^{M} \frac{\text{CE}_j}{\text{CE}} \sum_{i}^{j(N)} \frac{\text{CE}_{ji}}{\text{CE}_j} \log\left(\frac{\text{CE}_{ji}/\text{CE}_j}{\text{GDP}_{ji}/\text{GDP}_j}\right) \qquad (4\text{-}5)$$

$$T_{\text{CE/GDP}(br)} = \sum_{j=1}^{M} \frac{\text{CE}_j}{\text{CE}} \log\left(\frac{\text{CE}_j/\text{CE}}{\text{GDP}_j/\text{GDP}}\right) \qquad (4\text{-}6)$$

式（4-6）中，$\text{CE}_j$、$\text{GDP}_j$ 分别是 $j$ 区域的碳排放总量和国内生产总值；$j$（$N$）是 $j$ 区域内包含的省份数目；$M$ 是区域划分的数目。将全国划分为五大区域，分别为丝绸之路经济带、京津冀经济区、东北经济区、长江经济带和海上丝绸之路，所以在式（4-5）和式（4-6）的计算过程中，$M=5$，$j=1$，2，3，4，5。

为了研究区域内差异和区域间差异对总体差异的影响，分别用 $\delta_{wr}$ 和 $\delta_{br}$ 定义区域内贡献率和区域间贡献率，计算公式如下：

$$\delta_{wr} = \frac{T_{\text{CE/GDP}(wr)}}{T_{\text{CE/GDP}}} \qquad (4\text{-}7)$$

$$\delta_{br} = \frac{T_{\text{CE/GDP}(br)}}{T_{\text{CE/GDP}}} \qquad (4\text{-}8)$$

## 4.2 中国碳排放强度空间差异的变动分析

### 4.2.1 中国碳排放强度绝对差异的变动分析

使用极差和标准差统计方法分别对全国碳排放强度的变异和趋同规律进行分析，图 4-1 所示为中国碳排放强度总体差异的变化趋势。由图 4-1 可以看出，从极差的整体变化趋势来看，1997—2000 年缓慢下降，表明中国碳排放强度的地区差异在逐渐缩小；2001—2002 年呈上升趋势；2003—2016 年呈波动下降趋势，其中 2007 年极差在出现暂时性回升后又恢复下降态势。从标准差的整体变化趋势来看，1997—2000 年呈小幅下降的态势，2001—2003 年出现小幅上升的趋势，随后 2004—2016 年持续下降。从图中还可以看出，2011 年以后极差和标准差的下降幅度都非常小，说明在"十二五"期间，各省区市的碳排放强度差异缩小的速度有所放缓。整个样本期间，2016 年与 1997 年相比，极差和标准差分别下降了 68.16％和

66.67%，表明中国各省区市间碳排放强度的绝对差异在不断缩小，存在着趋同现象。这是产业结构调整使得地区发展差距扩大的趋势得到有效控制的结果。

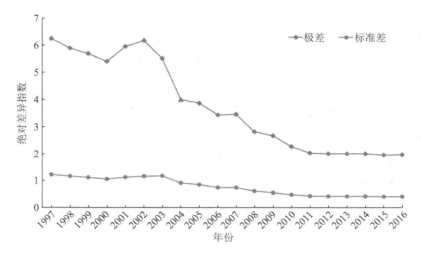

图 4-1 中国碳排放强度总体差异的变化趋势

## 4.2.2 中国碳排放强度相对差异的变动分析

从总体差异变化过程可以看出，在不同阶段，碳排放强度差异具有不同的变化规律。深入地研究和分析这些变化规律，对制定和实施减排政策具有决定性的意义。为了研究中国碳排放强度的省际差异，我们运用泰尔指数及其分解方法，测算了中国 30 个省区市碳强度的总体差异、区域间和区域内各自的差异。图 4-2 所示为中国碳排放强度总体、区域间和区域内差异的变动趋势。

由图 4-2 可以看出，中国碳排放强度的总体差异泰尔指数在研究期间呈现反复上升与下降，但整体呈上升趋势。从上述演变过程来看，1997—2002 年总体泰尔指数呈大幅上升趋势，在 2002 年达到最大值 0.073 4；2003—2010 年呈现不同程度的下降趋势；值得注意的是，从 2011—2016 年总体泰尔指数再次出现上升的趋势，说明中国最近几年的碳排放强度的地区差距呈现扩大趋势，但扩大的趋势并不太显著。整个样本期间（1997—

2016 年）出现了 5 个拐点，分别在 1997 年（0.065 9）、2002 年（0.073 4）、2007 年（0.059 0）、2012 年（0.050 0）和 2015 年（0.610 0）。总体来看，中国碳强度的差异呈现出先扩大后缩小、再扩大的波浪式趋势。其中，2002 年全国碳排放强度总体差异最大，2016 年比 2003 年碳排放强度的总体差异略有缩小。同时，2016 年（0.062 3）碳排放强度的总体差异水平仍低于 1997 年（0.065 9），这说明中国碳排放强度总体差异比 19 年前有所缩小。另外，1997—2016 年全国碳排放强度泰尔指数年均值为 0.059 67，其中 1997—2004 年泰尔指数均大于均值水平，并且 2015 年和 2016 年的泰尔指数也高于平均水平。结果表明，区域内的泰尔指数均高于区域间的泰尔指数，也就是说中国碳排放强度区域内差异大于区域间差异，区域间和区域内的碳排放强度呈波浪式上升趋势。其中，区域内碳排放强度差异波动幅度较为明显，而区域间碳排放强度的差异波动幅度并不明显，变动较为平稳。

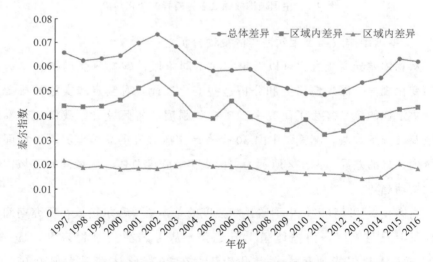

**图 4-2　中国碳排放强度总体、区域间和区域内差异的变动趋势**

对区域间、区域内总体泰尔指数的贡献率进行进一步的测算，结果如图 4-3 所示。从泰尔指数的分解结果来看，区域内差异对总体差异的贡献率在整个样本期间（1997—2016 年）都高于区域间差异的贡献率，也就是说，导致全国碳排放强度不平衡的主要原因是区域内碳排放强度不平衡；区域内的差距贡献率平均在 70％ 以上，这表明中国碳强度的总体分布差异主要是由区域内差异造成的。区域内差异的贡献率均值为 70％，高于区域间差异的贡献率均值（30％）；但区域间差异的贡献率呈小幅上升的趋势，而区域内的碳排放强度差异却呈下降趋势，这说明各省区市碳排放强度差异正在逐步缩小，呈现收敛趋势。

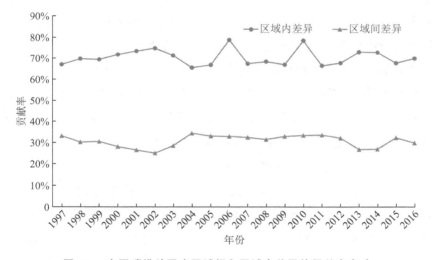

图 4-3　中国碳排放强度区域间和区域内差异的贡献率变动

这些结果表明，在多数年份里，中国各省区市碳排放总量与国内生产总值呈不匹配波动性加剧的趋势，主要原因是在就业、金融、经济增长及政治等多目标的推动下，各地政府都有动力通过降低环境标准吸引污染行业，采取了比较粗放的经济发展方式；同时，各地区在经济增长方面的盲目攀比和恶性竞争，最终造成了大量资源的浪费和分配的扭曲，从而加剧了环境保护与区域经济发展的不协调。部分省区市出现从高（低）碳排放强度向低（高）排放强度变化的情况，从而促使了碳排放强度总体差异也随之波动。因此，中国各省区市经济发展与碳排放协调发展的空间都较大。

## 4.3 中国碳排放强度空间差异的地区分解

### 4.3.1 五大经济区的总体差异分析

基于中国碳排放强度的时空分布，采用泰尔指数方法计算出 5 个区域的泰尔指数；总体泰尔指数分解成区域内差异及区域间差异两部分。1997 年，内部差异由小到大的排序依次是东北经济区、21 世纪海上丝绸之路、丝绸之路经济带、长江经济带、京津冀经济区；到 2016 年，内部差异由大到小的顺序为京津冀经济区、丝绸之路经济带、东北经济区、长江经济带、21世纪海上丝绸之路。虽然区域间碳排放强度的差异并不是造成全国碳排放强度差异的主要原因，但地区间的差距贡献率平均在 30.77% 以上，而且不同区域的差异也有所区别。从 1997—2016 年整个研究期间来看，京津冀经济区和丝绸之路经济带的内部省际差异趋于扩大，东北经济区、长江经济带和 21 世纪海上丝绸之路的内部省际差异趋于缩小。

### 4.3.2 五大经济区的区域间差异分析

针对中国五大经济区域碳排放强度区域内差异的变动状况分析，从图 4-4 可以看出，京津冀经济区的泰尔指数整体在均值 0.028 9 附近，1997—2002 年呈递增的趋势，2003—2005 年先下降后上升，2006 年后趋于平稳。由此可见，这些省份的经济发展极不稳定，各省区市之间碳排放强度的差异趋于扩大。长江经济带的泰尔指数基本上是持续下降的，而且下降波动幅度比较明显，各省区市之间碳排放强度的差异区域逐渐缩小；丝绸之路经济带的泰尔指数的整体差异呈波浪式递增趋势，并且 2012 年后上升幅度较大，各省区市之间碳排放强度的差异区域趋于扩大。21 世纪海上丝绸之路经济带的泰尔指数整体在均值 0.000 9 附近；对于沿海省份，其泰尔指数以 2003 年为分水岭，2003 年前呈下降趋势，但下降速度较为缓慢，2003 年后进入快速下降阶段，甚至比长江经济带还要快，之后一直维持在 0.000 4 附近；东北经济区域的泰尔指数则出现较大幅度的上升趋势，甚至超过长江经济带和 21 世纪海上丝绸之路的区域内差异，出现了 2010 年

0.009 0 的区域内差异高点，随后区域内差异出现不同程度的下降。

　　以上结果表明，随着中部地区崛起、振兴东北老工业基地等一系列区域经济发展政策的实施，长江经济带、东北经济区和 21 世纪海上丝绸之路经济带的区域内各省经济发展水平和工业化水平差距趋于缩小，这些地区的省际碳排放强度趋于一致，表现出俱乐部收敛特征。但是，丝绸之路经济带和京津冀地区的碳排放强度并未出现追赶效应。因此，这些地区的碳排放监测和防控工作仍有待加强。

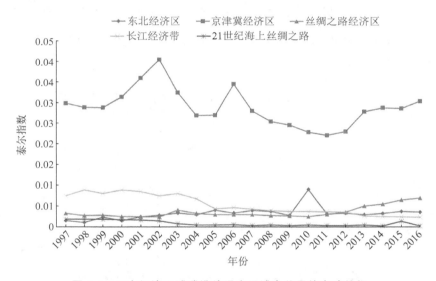

**图 4-4　五大经济区域碳排放强度区域内差异的变动特征**

### 4.3.3　五大经济区的区域内差异分析

　　针对中国五大经济区域碳排放强度内部差异的贡献率分析，由图 4-5 可以得知，京津冀经济区的省区市泰尔指数的贡献率最大，达到 68.66％，其次是长江经济带的省区市，为 12.43％。这说明京津冀经济带与长江经济带碳排放强度差异是造成该区域内差异较大的主要原因，也是造成中国碳排放强度空间分布差异的主要原因。21 世纪海上丝绸之路经济区的省区市泰尔指数的贡献率最小，仅为 2.08％，这也符合东南沿海地区泰尔指数最低的情况。近 5 年，丝绸之路经济带的泰尔指数贡献率（8.70％）一直高于均值的贡献率，长江经济带的泰尔指数贡献率（12.43%）持续低于均值的贡献率。因此，政府应该在充分考虑碳排放强度的区域差异性及各区域之间关联性的基础上，制定区域经济发展战略和节能减排政策。对于 21 世纪海上丝绸之路经济带、长江经济带等区域间碳排放强度差异较小的区域，从决策成本角度来看，由于内部差距小、产业结构相似，可以考虑制定统一的碳减排政策。但是，在京津冀经济区和丝绸之路经济区等区域间碳排放强度差异较大的地区，尽管统一政策节约了成本，但效果可能会大打折扣。因此，这种情况下更应该采取差异性的政策，积极鼓励地方政府参与碳减排、碳交易等政策的制定，根据区域内各省区市内部独有的经济活动特征制定适合的指导政策。

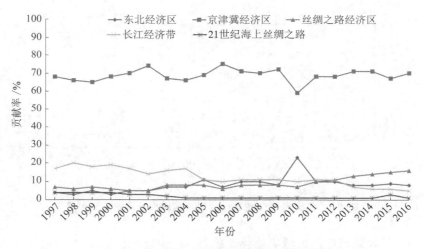

**图 4-5　五大经济区域碳排放强度内部差异的贡献率变动特征**

## 4.4　本章小结

碳排放强度的区域差异决定了中国的碳减排政策不应该搞一刀切，我们必须制定和实施针对不同地区的差异化碳减排政策。在研究区域碳排放强度差异时，本章着重研究了区域碳排放强度差异的测量和演进趋势，以及区域碳排放强度差异演进的原因和缩小区域差异的有效措施。由此，在中国碳排放强度时空分布可视化的基础上，本章进一步采用极差、变异系数和泰尔指数来衡量省区市碳排放强度的区域差异。同时，根据中国碳排放强度的空间分布特征，采用泰尔指数分解方法进一步揭示中国碳排放强度区域差异的来源。首先，利用极差、标准差、泰尔指数研究了中国碳排放强度差异的变化及其来源。结果表明，中国碳排放强度的绝对差异正在逐渐缩小，而碳排放强度相对差异呈扩大趋势。当从区域之间和区域内部差异的角度对省区市碳排放强度差异进行分解时，可以看出，中国碳排放强度总体差异主要是由区域内省区市差异的变动主导（约占70%），而区域间差异所起的作用较小（约占30%），同时区域内差异在不断缩小。这表明，中国五大区域省区市碳排放强度差异存在趋同的俱乐部收敛。其次，五大区域碳排放强度的泰尔指数及其分解结果表明，在五大区域中，京津冀地区差异对总体碳排放强度差异的影响最大（为68.66%），远高于东北经济区、丝绸之路经济带和长江经济带（分别是8.12%、8.70%和12.43%）；丝绸之路经济带内部差异对总体碳排放强度差异的影响正在不断增大；而东北经济区和长江经济带区域内部差异的贡献率较低，且浮动程度较小；21世纪海上丝绸之路经济带的泰尔指数贡献率（2.08%）可忽略不计。因此，若要减小中国碳排放强度的区域差异，应格外重视缩小京津冀经济区和丝绸之路经济带所包含省区市间的碳排放强度差异。

# 第 5 章   中国碳排放强度的空间关联分析

　　根据"地理学第一定律"的原则，空间分布中的地理事物或属性相互关联，相邻区域之间的联系更为密切[140]。空间效应可以分为空间依赖和空间异质性，主要是指不同地区，其经济活动存在一定的空间相互作用。探索性空间时空数据分析（ESTDA）是以空间权重矩阵为基础，检测和量化不同校准点中取样变化的空间依赖性的统计方法，可用于研究任何地理单位与相邻单位之间的空间关系及关联程度。随着时间的推移，相邻区域的碳排放强度也会出现相类似的变动。本章将利用 ESTDA 方法，通过对全国及30 个省区市的碳排放强度空间分布格局进行可视化研究，确定中国碳排放强度的空间集聚和分布规律，揭示中国各省区市碳排放强度的时空关联及其相互作用机制。

## 5.1　空间权重矩阵的设定

　　确定空间权重矩阵 $W$，是使用空间计量经济学模型的第一步，这也是空间计量经济学区别于传统计量经济学的主要特征。在空间分析过程中，引入空间权重矩阵是空间探索分析的前提和基础。通常采用一个二元对称空间权重矩阵来表达 $n$ 个位置的空间个体邻近关系[141]，其表达式如下：

$$W = \begin{bmatrix} w_{11} & w_{12} & \cdots & w_{1n} \\ w_{21} & w_{22} & \cdots & w_{2n} \\ \vdots & \vdots & & \vdots \\ w_{n1} & w_{n2} & \cdots & w_{nn} \end{bmatrix} \tag{5-1}$$

测量地理空间关系有邻近原则和距离原则两种方法。

### 5.1.1　邻近原则

对于邻近原理，如果两个区域相邻，则权重值设置为 1，否则设置为 0。基于邻接标准的空间权重矩阵定义如下：

$$w_{ij} = \begin{cases} 0 & i \text{ 区域与 } j \text{ 区域不邻接} \\ 1 & i \text{ 区域与 } j \text{ 区域邻接} \end{cases} \quad (j \neq i) \qquad (5\text{-}2)$$

根据邻近原则的定义，邻近原则可以分为 Rook 原则和 Qeen 原则两种。Rook 原则是以两个区域是否有共有边界来定义邻居；而 Qeen 原则包括的范围更大，包括共有边界的邻居和具有公共顶点的邻居。因此，Qeen 空间权重矩阵具有比 Rook 空间权重矩阵更多的邻居，并且可以更充分地反映实际中的空间关系。将上述基于邻接的空间权重矩阵通过标准化运算，得到每一行的元素之和等于 1。一般而言，对于相同区域中存在空间无关的主对角线上的元素，$w_{ii} = 0$；对于非主对角线上的元素，在彼此相邻的情况下，$w_{ij}$ $(i \neq j)$ $= 1$，否则 $w_{ij}$ $(i \neq j)$ $= 0$。为了减小外部因素对运算结果的影响，通常需要进行空间权重矩阵 $\boldsymbol{W}$ 的行归一化，即将每个元素除以其行的元素的总和，使得 $\boldsymbol{W}$ 的每一行中的元素之和等于 1。

### 5.1.2　距离原则

假定空间相互作用的强度取决于地区间的质心距离或中心所在地的距离，基于距离原则的空间权重矩阵中，选定的函数形式取决于矩阵元素的值，如距离的倒数 $w_{ij} = \dfrac{1}{d_{ij}}$，或距离平方倒数 $w_{ij} = \dfrac{1}{d_{ij}^2}$，或欧氏距离。基于距离标准的空间权重矩阵定义如下：

$$w_{ij} = \begin{cases} 0 & i \text{ 区域与 } j \text{ 区域距离小于 } d \text{ 时} \\ 1 & \text{其他} \end{cases} \quad (j \neq i) \qquad (5\text{-}3)$$

本研究的研究对象是全国 30 个省区市，在空间分布上是连续的，且省级行政单元的地理范围较广，难以确定中心坐标。此外，采取邻接矩阵的原因是它们比较稳定，不会因研究者主观设定的距离大小而改变，而且在模型构建过程中相对简单、易于操作。如果区域中的相邻地区间为相似或相异，或者相互独立，那么其值介于 −1 和 1。基于以上原因，本书采用 Rook 邻近原则来构建空间权重矩阵。在全国的省区市中，海南省在地理上不与其他省相邻，但在生成权重矩阵时，我们设定它分别与广东和广西相邻。空间权重矩阵的构建合理性，在很大程度上影响着空间计量分析结果。

## 5.2 探索性时空数据分析方法

确定空间相关性的存在是建立空间计量模型的前提，这也是探索性空间时空数据分析（ESTDA）的主要功能，全局空间相关指数和局部空间相关指数[142]是常用的两个指标。在检验因变量（即碳排放强度的空间自相关性）时，全球空间相关指数可以描述出碳排放强度整体的空间分布特征，空间相关局域指数则可以用于刻画空间要素的异质性；在这两类空间自相关检验中，空间自相关性是检验某一要素的属性值与其相邻空间点上的属性值是否有着显著联系的重要方法。

### 5.2.1 全局空间自相关指数

碳排放强度在空间上的集群分布和相关性可以用全局空间自相关性来表示。在本研究中，Moran's I 统计量被用来检验中国碳强度的全局自相关性。全局空间自相关可用全局 Moran's I 指数来表示，其中，全局空间自相关性分析是对区域之间空间自相关性的总体度量，用来判断各省区市碳排放强度是否存在空间自相关性，以及其影响程度和作用方向，通常由 $Z$ 值检验和全局 Moran's I 指数进行判断[143]。采用全局 Moran's I 指数来检验研究区域内附近地区变量值的空间相关性，计算公式如下：

$$I = \frac{n \sum\limits_{i=1}^{n} \sum\limits_{j=1}^{n} \boldsymbol{W}_{ij}(y_{i,t} - \overline{y_t})(y_{i,t} - \overline{y_t})}{\sum\limits_{i=1}^{n} \sum\limits_{j=1}^{n} \boldsymbol{W}_{ij} \sum\limits_{i=1}^{n} (y_{i,t} - \overline{y_t})^2} \tag{5-4}$$

式（5-4）中，$I$ 为全局 Moran's I 指数；$\overline{y_t}$ 为全部省区市碳排放强度的平均值，$\overline{y_t} = \frac{1}{30} \sum\limits_{i=1}^{30} y_{it}$（$i = 1, 2, \cdots, 30$；$j = 1, 2, \cdots, 30$）；$\boldsymbol{W}_{ij}$ 为空间权重矩

阵；$y_{i,t}$，$y_{j,t}$ 分别为 $t$ 期 $i$ 省区市和 $j$ 省区市碳排放强度的测算值，$n$ 为总省区市的数目（即 $n=30$）。Moran's I 指数 $I$ 的取值范围为 $[-1,1]$，当 $0<I\leqslant1$ 时（$p<0.10$），表明各省区市的碳排放强度呈正相关性，$I$ 值越大，表明各省区市的碳排放强度呈现出越强的空间相关性，即碳排放强度较高（或较低）的区域在空间上趋于显著集聚；当 $-1<I<0$ 时，表明各省区市的碳排放强度呈负相关的关系，$I$ 值越小，表明各省区市的碳排放强度的空间分异性越强，即该区域与周边区域碳排放强度具有空间差异；当 $I\rightarrow0$ 或 $I=0$ 时，则说明各省区市的碳排放强度都是随机的空间分布，即区域之间没有空间相关性。

对 $I$ 的结果进行 $Z$ 值显著性的统计检验时，计算公式如下：

$$Z(I)=\frac{I-E(I)}{\sqrt{\mathrm{Var}(I)}}-N(0,1) \tag{5-5}$$

式（5-5）中，$\mathrm{Var}(I)$ 为全局 Moran's I 指数 $I$ 的理论方差；$E(I)=-\dfrac{1}{n-1}$ 是理论期望。如果 $Z>0$，且 $Z$ 值的统计检验显著，意味着碳排放强度在空间分布上呈显著的正相关性。

### 5.2.2　局部空间自相关指数

全局 Moran's I 指数可以描述全国碳排放强度在空间分布上的相关性，但它只能代表中国碳排放强度空间上的平均差异，不能反映不同省区市之间的局部空间差异。而局域空间自相关性分析可以用来描述一个省区市及其邻近省区市碳排放强度的空间相关度，以弥补全局空间自相关性分析无法判断聚集现象和确定省区市位置的缺点，具体而言，通常可采用局部 Moran's I 指数和莫兰散点图来判断。因此，可以用局部空间统计方法来衡量中国省区市间碳排放强度的空间分异性。将全局 Moran's I 指数分解到各个省区市单元即可得到局部空间自相关，可用局部 Moran's I 指数表示。对于某个省区市空间单元 $i$，有

$$I_i=\frac{(X_i-\overline{X})}{\sum_i(X_i-\overline{X})^2}\times\sum_j \boldsymbol{W}_{ij}(x_j-\overline{X})=\boldsymbol{Z}_i\sum_j\boldsymbol{W}_{ij}Z_{ij} \tag{5-6}$$

式（5-6）中，$W_{ij}$ 为空间权重矩阵；$Z_i$ 与 $Z_j$ 为标准化的观测量，$Z_i = \dfrac{X_i - \overline{X}}{\sigma}$ 为通过标准化变换后每行和为 1 且非对称性的权重矩阵。

### 5.2.3　莫兰散点图法

　　采用 Geoda 软件，能够作出各省区市碳排放强度空间相关系数的莫兰散点图（见图 5-1），将各省区市的碳排放强度分布在平面坐标系的四个象限中，从而识别各个省区市与其他邻近省区市之间的相互关系。四个象限分别代表四种类型模式的碳排放强度分布：第一象限是 High-High 型（H-H 型），表示观测值高的省区市被同样观测值高的省区市所包围；第二象限是 Low-High 型（L-H 型），表示观测值低的省区市被观测值高的省区市所包围；第三象限是 Low-Low 型（L-L 型），表示观测值低的省区市被同样观测值低的省区市所包围；第四象限是 High-Low 型（H-L 型），表示观测值高的省区市被观测值低的省区市所包围。分布在第一象限（H-H 型）和第三象限（L-L 型），表示有相似特征碳排放强度的省区市相邻，属于空间的正相关性，表明观测省区市本身和邻近省区市的碳排放强度均处于较高或较低水平，邻近省区市的碳排放强度呈现聚集的空间分布特征。分布在第二象限（L-H 型）和第四象限（H-L 型），表示有相异特征的碳排放强度的省区市相邻，属于空间的负相关性，表明观测省区市自身碳排放强度处于较低的水平，而邻近省区市的碳排放强度处于较高的水平；或者观测省区市处于较高的水平，而邻近省区市处于较低的水平，相邻省区市碳排放强度空间分布具有分异特征。

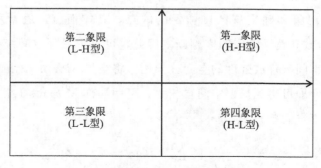

**图 5-1　莫兰散点图**

## 5.2.4　LISA 时空跃迁测度

LISA 可以从局部的角度揭示研究单位之间的空间依赖关系（Anselin，2001）[144]，在此基础上，Rey（2001）根据不同时期莫兰散点图中各研究单元之间局部空间关联类型的转移情况，提出了时空跃迁（space-time transition）[145]。时空跃迁分为 4 种类型：类型Ⅰ、类型Ⅱ、类型Ⅲ和类型Ⅳ。类型Ⅰ表示只有研究的省区市自身发生跃迁，包括 $HH_t \rightarrow LH_{t+1}$、$HL_t \rightarrow LL_{t+1}$、$LH_t \rightarrow HH_{t+1}$、$LL_t \rightarrow HL_{t+1}$；类型Ⅱ表示只有与研究省区市邻近的省区市发生跃迁，包括 $HH_t \rightarrow HL_{t+1}$、$HL_t \rightarrow HH_{t+1}$、$LH_t \rightarrow LL_{t+1}$、$LL_t \rightarrow LH_{t+1}$；类型Ⅲ表示研究的省区市本身和与其邻近的省区市都发生跃迁，包括 $HH_t \rightarrow LL_{t+1}$、$HL_t \rightarrow LH_{t+1}$、$LL_t \rightarrow HH_{t+1}$、$LH_t \rightarrow HL_{t+1}$；类型Ⅳ表示研究的省区市本身和与其邻近的省区市均保持稳定，包括 $HH_t \rightarrow HH_{t+1}$、$HL_t \rightarrow HL_{t+1}$、$LL_t \rightarrow LL_{t+1}$、$LH_t \rightarrow LH_{t+1}$。莫兰散点时空跃迁的 4 种类型可用图 5-2 表示（Rey，2001；刘永伟，2014）[145,146]。

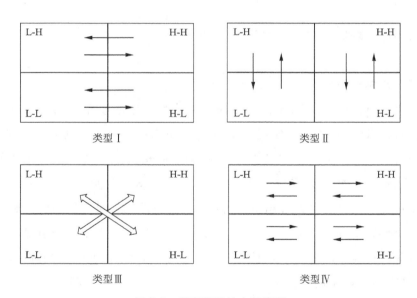

图 5-2　时空跃迁的主要类型

时空跃迁方法可用于测量不同时期省区市间局部空间关联的转移。根据研究的省区市与邻近的省区市之间的碳排放强度的转移状态，将时空跃迁划分为以下四种类型[146]：第一种是研究省区市的碳排放强度发生跃迁（自身跃迁—邻域稳定）；第二种是邻近省区市的碳排放强度发生跃迁（自身稳定—邻域跃迁）；第三种是研究的省区市与邻近的省区市的碳排放强度均发生跃迁（自身跃迁—邻域跃迁）；第四种是研究的省区市与邻近的省区市的碳排放强度均呈稳定状态（自身稳定—邻域稳定）。各省区市碳排放强度的空间稳定性的计算公式如下：

$$S_t = \frac{F_{0,t}}{n} \tag{5-7}$$

式中，$F_{0,t}$ 表示在 $t$ 研究时期内，碳排放强度呈现"自身稳定—邻域稳定"跃迁类型的省区市数量；$n$ 为被研究省区市的总数。$S_t \in [0，1]$；$S_t$ 值越大，表明碳排放强度的空间稳定性越好，发生跃迁的阻力就越大。

## 5.3 中国碳排放强度的时空关联性检验

### 5.3.1 碳排放强度的全局关联性分析

分析全局空间自相关和局部空间自相关时，首先运用 Open GeoDa 1.2 软件生成一次邻接规则的空间权重矩阵（Rook）[147−149]，生成权重矩阵后，再计算出从 1997 年到 2016 年 20 年内中国碳排放强度的 Moran's I 值，并采用随机排列法构造正态分布检验其显著性。图 5-3 所示是全局自相关 Moran's I 和 $Z(I)^*$ 的统计结果。由图 5-3 可以发现：研究期间中国碳排放强度的全局 Moran's I 全为正值，且 LISA 正态统计量 $Z$ 值均通过显著性水平 0.05 的检验（伴随概率 $P$ 值均小于 5% 的水平）。这表明整个研究期间，各省区市间碳排放强度的时空分布并不完全随机，省际碳排放强度存在较强的空间正相关的关系，各个省区市碳排放强度会对与之相邻地区的碳排放强度产生影响，同时其自身的碳排放强度也会受相邻地区碳排放强度的影响。低碳排放强度省区市和高碳排放强度省区市在空间上都呈相对集聚的现象，也就是说，在地理位置上，碳排放强度较低的省区市彼此邻近，而碳排放强度较高的省区市也互相接壤[161]。

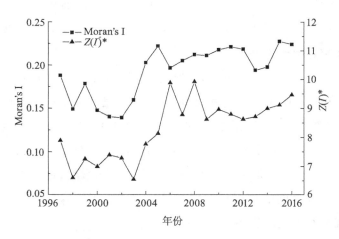

图 5-3　全局自相关 Moran's I 和 $Z(I)^*$ 的统计结果分析

通过对图 5-3 的分析可以得出各省区市碳排放强度的总体分布变化规律：在时间维度上，全局 Moran's I 指数逐渐增大，整体来看，2016 年的 Moran's I 指数比 1997 年的 Moran's I 指数有较大幅度的上升，由 0.187 9 上升为 0.224 1，这表明中国省区市碳排放强度的空间相关性不断强化。在空间上，碳排放强度相似的省区市趋向于集中分布，这一现象更加说明了引入空间效应的必要性和重要性。通过观察整个研究期内 Moran's I 曲线的走势，总体而言，全域 Moran's I 指数呈现出了波动型的增长趋势。中国碳排放强度的全局自相关 Moran's I 指数可分成三个明显的变化阶段：

第一阶段是 1997—2002 年的波动下降阶段，该阶段全局自相关 Moran's I 指数在波动中不断下降，由 1997 年的 0.187 9 下降到 1998 年的 0.149 1，由 1999 年的 0.178 4 下降到 2002 年的 0.139 2。这一阶段的变化表明，各省碳排放强度的集聚性总体趋势为减弱，但呈现一定的波动，即呈现出不断减弱的高值集聚趋势和低值集聚趋势。

第二阶段是 2003—2011 年的快速增长阶段，伴有小幅震荡，此阶段的

Moran's I 指数由 2003 年的 0.159 5 快速增长到 2005 年的 0.222 1，仅在 2006 年略有下降，随后 Moran's I 指数增速极快，从 2006 年的 0.196 7 增加到 2008 年的 0.212 2，再由 2009 年的 0.211 1 增加到 2011 年的 0.221 3。这一阶段的变化表明，碳排放强度的空间集聚特征显著，即呈现出高值集聚和低值集聚趋势快速增强。

第三阶段是 2012—2016 年的波动增长阶段，该阶段的 Moran's I 指数在不断增加，但伴有小幅震荡，此阶段的 Moran's I 指数从 2012 年的 0.218 6 下降为 2013 年的 0.194 1，由 2014 年的 0.197 8 上升到 2015 年的 0.227 7，2016 年的 Moran's I 指数比 2015 年的略有下降，由 2015 年的 0.227 7 降为 2016 年的 0.224 1，但仍高于 2012 年的 Moran's I 指数。这一阶段的变化表明，各省碳排放强度的集聚性总体趋势为增强，但有一定的波动，即呈现出不断增强的高值集聚趋势和低值集聚趋势。

总体而言，第一阶段 Moran's I 指数存在小幅波动下降趋势，但第一阶段的降幅远高于后两个阶段的增幅，这表明碳排放强度相似省区市呈现出先减弱后增强的空间集聚现象。与 1997 年相比，2002 年中国碳排放强度相似省区市的空间集聚现象出现了大幅的减弱。而相比于 2002 年，在 2005 年、2011 年、2015 年和 2016 年 4 个年份，中国碳排放强度相似省区市的空间集聚又呈现出较大幅度的增强趋势，并且集聚程度远远高于 1997 年的集聚程度。这说明与 20 年前相比，现阶段中国碳排放强度相似省区市的空间集聚表现出不断增强的趋势，碳排放强度水平相近的省区市也将会进一步收敛。这一结果与第 4 章中的分析结论基本一致。

### 5.3.2  碳排放强度的局部关联性分析

（1）莫兰散点图

全球 Moran's I 指数表明，中国各省区市的碳强度空间集聚特征显著，空间尺度也与碳强度的空间特征有关。全局 Moran's I 指数表明，中国省区市碳强度具有明显的空间集聚特征，时间维度的引入可以体现碳强度的空间动态特征。然而，碳强度的时间演进并没有揭示各省区市位置变化特征的空间相关性。因此，在本研究中，我们使用莫兰散点图和碳强度四分位图来分析各省碳强度的空间聚集和位置变化特征。而全局空间自相关性只是对中国碳排放总体空间自相关性的研究，为了找出空间聚集点和空间聚集子区域，我们采用莫兰散点图和 LISA 聚集结果对各省区市碳强度的空间聚集和位置变化进行研究。

全局 Moran's I 指数只能从整体上描述省区市碳排放强度的空间相关性，不能描述不同地区的空间相关性的具体类型，而莫兰散点图能够很好地克服全局 Moran's I 指数的不足，对此进行较好的改进。在莫兰散点图中，横坐标为观测值与其均值的离差组成的 CI 向量，纵坐标为空间滞后向量 WCI，WCI 对 CI 的线性回归系数就是全局 Moran's I 指数。根据各省区市的 CI 和 WCI 值，可以将它们分布在平面坐标系的四个象限中。其中，处于第一象限内的省区市的属性值高，与其邻近的省区市的属性值也高，属于正自相关关系，是强碳排放强度集聚区域；处于第二象限内的省区市的属性值低，与其邻近的省区市的属性值高，属于负空间自相关关系；处于第三象限内的省区市的属性值低，与其邻近的省区市的属性值也低，属于正自相关关系，但属于弱碳排放强度聚集区；处于第四象限内的省区市的属性值高，与其邻近的省区市的属性值低，属于弱自相关关系。如果处于第一象限（H-H 型）和第三象限（L-L 型）象限，表明观测省区市碳排放强度的空间属性值与邻近的省区市的属性值存在较强的正相关性及空间集聚性；如果处于第二象限（H-L 型）和第四象限（L-H 型）象限，表明观测省区市碳排放强度的空间属性值与邻近的省区市的属性值存在较强的负相关及空间分异性。根据全局 Moran's I 指数分析中各阶段起始年份同时考虑时间间隔的均衡性，最终选取 1997、2000 年、2004 年、2008 年、2012 年及 2016 年度的数据进行局部空间自相关的研究和分析。根据 1997 年到 2016 年期间各省区市的碳排放强度数据，进一步绘制各主要年份碳排放强度的莫兰散点图，如图 5-4 所示。

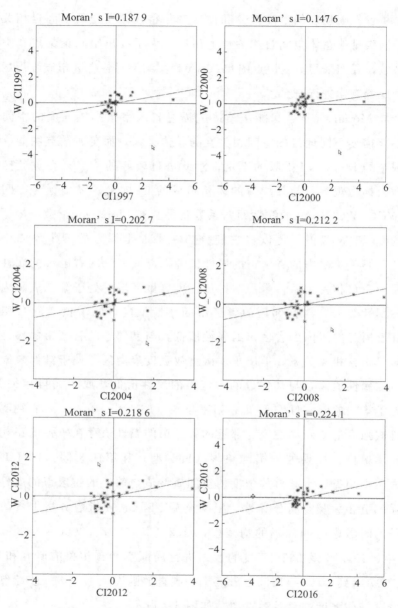

**图 5-4　中国省际碳排放强度莫兰散点图比较**

　　本研究运用局部空间统计的方法，将全局 Moran's I 指数分解到各个省区市单元，采用空间计量软件 Geoda095i，绘制主要年份的碳排放强度的局域莫兰散点图，反映中国 30 个省区市碳排放强度与各自相邻近省区市碳排放强度在空间分布上呈现"集聚"（H-H 或 L-L）与"分异"（H-L 或 L-H）的时空演进特征，如图 5-4 所示。大多数省区市处于第一和第三象限，具有较强的稳健性，说明各省区市及邻近地区碳排放强度呈正相关，这些省区市与相邻接的地区体现出相似（同高或同低水平）的特征值，证明各省区市的碳排放强度在空间上存在较为显著的相互依赖性，有空间集聚趋势。通过纵向比较还发现，位于第三象限的 L-L 型省区市的数量远远多于位于第一象限的 H-H 型省区市的数量，说明低值聚集数量多于高价值集聚区，是正的空间自相关性的主要贡献部分。总体来看，中国各省区市的碳排放强度呈下降的趋势，这表明中国近年来推行的节能减排和产业结构优化政策已取得一定成效。上述分析表明，省际碳排放强度存在空间正相关的关系，与传统计量经济学的观点相反。传统计量经济理论认为，不同个体同质且相互独立，从而无法用来处理空间效应问题，因此需要构建空间计量经济模型。同时，一部分省区市落在第二象限与第四象限，个别省区市差异较大，说明部分省区市存在不相似的空间关联，具有空间的差异性。

（2）不同象限的省区市分布

在全国 30 个省区市中，根据 1997 年、2000 年、2004 年、2008 年、2012 年和 2016 年各省区市碳排放强度的空间聚集特征，按照区域空间关联关系，可以将它们的碳排放强度分为以下 4 种类型：低-低集聚区（L-L型）、低-高集聚区（L-H 型）、高-低集聚区（H-L 型）和高-高集聚区（H-H 型）。其中，低-低集聚区（L-L 型）和高-高集聚区（H-H 型）的类型表示碳排放强度类似的省区市在空间上呈集聚的状态，且在地理位置上相邻近；低-高集聚区（L-H 型）和高-低集聚区（H-L 型）的类型表示碳排放强度相异的省区市在空间上呈集聚的状态，且在地理位置上相邻近。由各省区市碳排放强度空间相关性类型变迁，汇总出中国碳排放强度演化路径，同时，对散点图各象限中的相应省区市进行分类和计数，可以得到不同年份的局部莫兰分布情况，如表 5-1 所示。

表 5-1　中国省际碳排放强度局部莫兰 I 指数比较

| 年份 | 第一象限<br>（H-H 型） | 第二象限<br>（L-H 型） | 第三象限<br>（L-L 型） | 第四象限<br>（H-L 型） |
|---|---|---|---|---|
| 1997 | 辽宁、甘肃、河北、内蒙古、新疆、吉林、山西、陕西、宁夏 | 青海、河南、四川、黑龙江、北京、天津、重庆、云南、广西 | 上海、浙江、湖南、江西、山东、江苏、安徽、湖北、福建、广东、海南 | 贵州 |
| 2000 | 辽宁、甘肃、河北、内蒙古、新疆、吉林、山西、宁夏、重庆 | 陕西、河南、青海、黑龙江、北京、四川、云南、广西 | 安徽、湖北、上海、天津、山东、江苏、浙江、广东、海南、湖南、江西、福建 | 贵州 |
| 2004 | 吉林、辽宁、甘肃、内蒙古、新疆、河北、山西、云南、宁夏 | 陕西、河南、四川、黑龙江、北京、重庆、广西 | 江苏、安徽、湖北、天津、青海、山东、上海、福建、广东、海南、浙江、湖南、江西 | 贵州 |
| 2008 | 甘肃、河北、山西、内蒙古、新疆、宁夏、云南 | 辽宁、北京、陕西、黑龙江、吉林、广西、河南、四川、重庆 | 安徽、湖北、上海、天津、山东、江苏、广东、海南、浙江、湖南、江西、福建 | 青海、贵州 |
| 2012 | 甘肃、河北、山西、内蒙古、新疆 | 辽宁、北京、陕西、黑龙江、吉林、河南、四川 | 江苏、安徽、湖北、天津、山东、重庆、湖南、江西、福建、上海、浙江、广西、广东、海南 | 青海、云南、宁夏、贵州 |
| 2016 | 新疆、辽宁、甘肃、内蒙古、河北、山西 | 吉林、北京、陕西、黑龙江、河南 | 江苏、安徽、四川、天津、山东、湖北、重庆、江西、福建、广西、广东、上海、浙江、湖南、海南 | 青海、云南、宁夏、贵州 |

注：海南（－0.87，0）设置在第三象限。

从 6 个年份中国各省区市碳排放强度空间聚集趋势可以看出，中国排放碳强度的空间分布是集聚和扩散共存的，6 个年份呈现空间正相关性（H-H型和 L-L 型）的省区市个数全部大于 19 个，表现为聚集特征的省区市已经超过 63％，说明中国碳排放强度的时空集聚特征显著，对 6 个年份的分析结果也验证了全局空间相关性的分析。具体类型区域的省区市聚集特征如

下：6 个年份中，有 20 个省区市的类型没有变化，其中有 11 个 L-L 型、
3 个 L-H 型、1 个 H-L 型、5 个 H-H 型；有 10 个省区市的类型有变化，分
别是天津、吉林、重庆、云南、青海、陕西、四川、辽宁、广西和宁夏。
通过对这 10 个类型变化的省区市进行分析，可以发现：

（1）高-高集聚区（H-H 型）

高-高集聚区主要分布在中国的内蒙古、新疆、辽宁、甘肃、河北、山
西等北部地区，它们的碳排放强度高于其他地区，形成了空间聚集高的碳
排放强度。但高-高集聚区的范围呈现出缩小的趋势，省区市的数量呈减少
的趋势，分别是 9、9、9、7、5 和 6 个。6 个年份中，内蒙古、新疆、甘
肃、河北、山西均为高-高集聚区；吉林、辽宁、陕西和宁夏呈现不同时期
和不同程度的转移。吉林在 1997 年、2000 年、2004 年为 H-H 型，2008 年、
2012 年及 2016 年转变为 L-H 型，并最终稳定于 L-H 型；辽宁在 1997 年、
2000 年、2004 年为 H-H 型，2008 年、2012 年转变为 L-H 型，2016 年转
变为 H-H 型，并最终稳定于 H-H 型；陕西在 1997 年为 H-H 型，2000 年、
2004 年、2008 年、2012 年和 2016 年转变为 L-H 型，并最终稳定于 L-H 型；
宁夏在 1997 年、2000 年、2004 年、2008 年为 H-H 型，2012 年、2016 年
转变为 H-L 型，并最终稳定于 H-L 型。

（2）低-高集聚区（L-H 型）

低-高集聚区主要分布在中国的黑龙江、北京、陕西、河南等省区市，
该集聚区碳排放强度低于西部地区，是高-高集聚区的"被扩散"地区，受
碳排放强度高地区的影响较小，具有相对稳定的低碳排放强度。低-高集聚
区的省区市数目呈下降趋势，分别是 9、8、7、9、7 和 5 个。云南变化较为
复杂，在 1997 年及 2000 年属于 L-H 型，2004 年、2008 年转变为 H-H 型，
2012 年和 2016 年转变为 H-L 型，在三种类型之间不断变化，并最终稳定于
H-L 型；青海在 1997 年、2000 年为 L-H 型，2004 年转变为 L-L 型，2008
年、2012 年及 2016 年转变为 H-L 型，并最终稳定于 H-L 型；重庆 1997 年
为 L-H 型，2000 年转变为 H-H 型，2004 年转变为 L-H 型，2012 年和
2016 年转变为 L-L 型；天津在 1997 年为 L-H 型，2000 年、2004 年、2008

年、2012 和 2016 年转变为 L-L 型，并最终稳定于 L-L 型；广西在 1997 年、2000 年、2004 年、2008 年为 L-H 型，2012 年、2016 年转变为 L-L 型，并最终稳定于 L-L 型；四川在 1997 年、2000 年、2004 年、2008 年、2012 年为 L-H 型，2016 年转变为 L-L 型，并最终稳定于 L-L 型。

（3）低-低集聚区（L-L 型）

低-低集聚区主要分布在中国的东部、中部和南部地区，主要包括江西、安徽、山东、上海、江苏、浙江、湖北、湖南、广东、海南、福建。这些区域的碳排放强度低于其他区域，导致低碳强度空间集聚，并向周边地区蔓延，使邻近省区市的碳排放强度降低。低-低集聚区的范围在全国呈现出逐渐增大的趋势，省区市的数目也不断增多，分别是 11、12、13、12、14 和 15 个。在 2000 年、2004 年、2012 年和 2016 年这 4 个年份，天津、青海、重庆、广西和四川从 L-H 型转变为 L-L 型。

（4）高-低集聚区（H-L 型）

高-低集聚区主要分布在中国的云南、贵州、青海、宁夏等西南和西北地区。这些地区的碳排放强度高于东南部各省区市，是低-低集聚区的"被扩散"区域，受低碳排放强度地区的影响小，高碳排放强度比较稳定。该集聚区内的省区市数目呈现上升趋势，分别为 1、1、1、2、4 和 4 个。其中，贵州属于稳定省区市，青海在 2008 年从 L-L 型转变为 H-L 型，宁夏和云南在 2012 年从 H-H 型转变为 H-L 型，并最终稳定于 H-L 型；个别省区市的空间集聚类型发生了迁移。从 1997 年到 2016 年，宁夏、吉林和陕西没有再出现在 H-H 型聚集区。其中，宁夏转变为 H-L 型集聚区，而陕西和吉林转变为 L-H 型集聚区；L-L 型集聚区增加了重庆、天津、四川和广西；其他省区市的集聚特征没有发生变化。1997 年和 2016 年，东北地区和西北地区处于 H-H 型集聚区，东部地区处于 L-L 型集聚区。从发展的角度来分析，处于第三象限（L-L 型）的省区市数量呈不断增多的趋势，主要集中在安徽、四川、山东、江苏、湖北、重庆、湖南、江西、福建、上海、浙江、广西、广东、海南等东部和南部相邻的省区市，其区域碳排放强度下降比较明显；处于第二象限（H-L 型）的省区市数量整体上也在不断增加，主要集中在西北的宁夏、青海地区及西南部的贵州和云南地区，其中贵州和宁夏的碳排放强度水平明显偏高。

为了更准确地对各省区市与邻近省区市的同质和异质的局部特征变化进行比较，我们计算出了 1997 年、2000 年、2004 年、2008 年、2012 年和 2016 年这 6 个目标年份的局部 Moran's I 值。通过分析各省区市碳排放强度的局域分布情况，我们得到了如下的规律：根据各省区市碳排放强度的集聚趋势，莫兰散点图中各象限对应的省区市不断变化且最终趋于稳定，碳排放强度的高值集聚区和低值集聚区都趋于稳定；H-H 型省区市数量不断减少，最终形成京津冀的 H-H 型集聚区；L-L 型省区市数量最多、范围最广且变化不大，主要是东南沿海部分省区市；偏离全局空间正相关的 L-H 型省区市数量较少且呈逐渐减少的趋势，最终形成以吉林、北京、黑龙江、陕西、河南为主的 L-H 型集聚区，H-L 型省区市的数量不断增加，形成以宁夏、青海、云南、贵州为主的 H-L 型集聚区。

### 5.3.3　碳排放强度的时空集聚分析

由于莫兰散点图不能判断各地区的局部相关类型及其集聚区在统计学意义上是否显著，因此，为了确定 1997 年以来中国各省区市碳排放强度的局部空间集聚的变化，本研究重点考察了显著性水平较高（显著性水平为 0.05）的局部空间集聚指标，并在相关统计数据的基础上，将观测期间内的 LISA 集聚结果汇总于表 5-2。由表 5-2 可以发现，在 0.05 显著性水平下，目标年份中中国各省区市碳排放强度的总体分布特征如下：呈不显著的省份范围最广，主要分布于东北地区、西南地区和中部地区，包括吉林、辽宁、黑龙江、北京、重庆、广西、天津、山西、贵州、湖北、湖南、河南、山东。在显著的 L-L 型省区市，1997 年和 2000 年主要分布在东部和南部地区，包括浙江、江西、福建、安徽、江苏、广东；在 2004 年和 2012 年主要为浙江、江西、福建等地区；在 2008 年和 2016 年主要为浙江、江西、福建、安徽地区，呈大面积相邻分布。显著的 H-H 型省区市呈小面积、独立地区分布状态，在 1997 年主要分布于中国北部，主要有河北、内蒙古和陕西；在随后的年份中逐渐减少，只分布在内蒙古地区。显著偏离全局空间正相关的 H-L 型的省区市没有出现，L-H 型的省区市在 1997 年为海南地区，在 1997 年之后为海南和陕西地区。随着时间的推移，各类型的省区市基本固定，最终形成了内蒙古的 H-H 型区域，江西、浙江、安徽和福建的 L-L 型区域，以及大量不显著区域组成的稳定分布的特点。

表 5-2　中国碳排放强度 LISA 集聚结果

| 年份 | H-H 型 | H-L 型 | L-H 型 | L-L 型 |
|------|--------|--------|--------|--------|
| 1997 | 内蒙古、陕西、河北 | 无 | 海南 | 浙江、江西、福建、安徽、江苏、广东 |
| 2000 | 内蒙古 | 无 | 海南、陕西 | 浙江、江西、福建、安徽、江苏、广东 |
| 2004 | 内蒙古 | 无 | 海南、陕西 | 浙江、江西、福建 |
| 2008 | 内蒙古 | 无 | 海南、陕西 | 浙江、江西、福建、安徽 |
| 2012 | 内蒙古 | 无 | 海南、陕西 | 浙江、江西、福建 |
| 2016 | 内蒙古 | 无 | 海南、陕西 | 浙江、江西、福建、安徽 |

通过以上分析可知，中国各省区市的碳排放强度存在明显的空间正相关性，表明存在低值集聚和高值集聚的现象。通过分析目标年份的莫兰散点图、莫兰散点图分布表及 LISA 集聚性，得出了各省区市的碳排放强度的局部空间自相关性特征，这将对中国碳排放强度分布特征的研究有重要的参考价值。具体来说，碳排放强度较高的省区市，它们的局部 Morran's I 值也较高，检验结果较为显著，主要分布在西北及华北地区，地理位置相对比较集中，如内蒙古、陕西、河北；浙江、江西、福建的碳排放强度存在较强的空间正相关性，这些省区市自身和周边邻域的碳排放水平都比较低。被 H-H 型省区市所包围的地区属于 L-H 型区域，碳排放强度水平低于邻接地区，陕西和海南是典型的代表，这种现象的出现与当地的政府所采取的环境监管政策有很大的关系。

### 5.3.4　碳排放强度的时空跃迁分析

本节采用时空跃迁测度法来进一步分析碳排放强度的空间集聚特征。按照不同时段各类型所含省区市数量的增减反映其时空跃迁的规律，将中

国 30 个省区市划分为以下四种类型：某一省区市的相对跃迁为Ⅰ型；空间
邻近省区市的跃迁为Ⅱ型；某一省区市及其邻近省区市均发生跃迁为Ⅲ型；
某一省区市及其邻近省区市均保持稳定为Ⅳ型。如果属于第三、四种跃迁
类型观测省区市数较多，而属于第一、二种跃迁的观测省区市数量较少，
则说明观测省区市碳排放强度的时空演进过程中具有较大程度的稳定性。
在研究期间内，5 个研究时段中国碳排放强度的时空跃迁具体情况讨论
如下：

1997—2000 年，陕西和重庆表现为第一种跃迁类型（Ⅰ型）；天津表现
为第二种跃迁类型（Ⅱ型）；黑龙江、吉林、辽宁、新疆、甘肃、内蒙古、
河北、河南、宁夏、青海、广西、四川、山西、安徽、山东、湖北、北京、
云南、江苏、浙江、上海、江西、湖南、福建、海南、广东、贵州表现为
第四种跃迁类型（Ⅳ型），如表 5-3 所示。

表 5-3　1997—2000 年中国碳排放强度的时空跃迁矩阵

| 时间段 | | H-H 型 | L-H 型 | L-L 型 | H-L 型 |
|---|---|---|---|---|---|
| 1997—2000 年 | H-H 型 | Ⅳ型时空跃迁（内蒙古、新疆、吉林、辽宁、甘肃、河北、山西、宁夏） | Ⅰ型时空跃迁（陕西） | Ⅲ型时空跃迁 | Ⅱ型时空跃迁 |
| | L-H 型 | Ⅰ型时空跃迁（重庆） | Ⅳ型时空跃迁（黑龙江、北京、青海、河南、四川、云南、广西） | Ⅱ型时空跃迁（天津） | Ⅲ型时空跃迁 |
| | L-L 型 | Ⅲ型时空跃迁 | Ⅱ型时空跃迁 | Ⅳ型时空跃迁（山东、上海、浙江、湖南、江苏、安徽、湖北、江西、福建、广东、海南） | Ⅰ型时空跃迁 |
| | H-L 型 | Ⅱ型时空跃迁 | Ⅲ型时空跃迁 | Ⅰ型时空跃迁 | Ⅳ型时空跃迁（贵州） |

总体来看，1997—2000 年属于第四种跃迁类型的共有 27 个省区市，包

括 9 个高碳排放强度省区市、18 个低碳排放强度省区市，占观测省区市总数的 90%。这表明 1997—2000 年中国碳排放强度空间集聚趋势增强，省区市碳排放强度的分布具有高度的空间锁定或路径依赖特征，其中内蒙古、新疆、吉林、辽宁、甘肃、河北、山西、宁夏、贵州为高碳排放强度省区市，它们的碳排放强度的稳定性将影响中国碳排放强度下降幅度。属于第一、二种跃迁类型的共有陕西、重庆和天津 3 个省区市，约占观测省区市总数的 10%，而这 3 个省区市的跃迁性将成为驱动中国碳排放强度空间格局变动的关键。

2000—2004 年，重庆和云南表现为第一种跃迁类型（Ⅰ型）；青海表现为第二种跃迁类型（Ⅱ型）；新疆、黑龙江、吉林、辽宁、山西、内蒙古、河北、陕西、河南、甘肃、宁夏、四川、广西、北京、天津、山东、上海、浙江、江苏、安徽、湖北、湖南、广东、海南、江西、福建、贵州表现为第四种跃迁类型（Ⅳ型），如表 5-4 所示。

表 5-4　2000—2004 年中国碳排放强度的时空跃迁矩阵

| 时间段 | H-H 型 | L-H 型 | L-L 型 | H-L 型 |
|---|---|---|---|---|
| | H-H 型 | Ⅳ型时空跃迁（内蒙古、新疆、吉林、辽宁、甘肃、河北、山西、宁夏） | Ⅰ型时空跃迁（重庆） | Ⅲ型时空跃迁 | Ⅱ型时空跃迁 |
| 2000—2004 年 | L-H 型 | Ⅰ型时空跃迁（云南） | Ⅳ型时空跃迁（黑龙江、北京、陕西、河南、四川、广西） | Ⅱ型时空跃迁（青海） | Ⅲ型时空跃迁 |
| | L-L 型 | Ⅲ型时空跃迁 | Ⅱ型时空跃迁 | Ⅳ型时空跃迁（天津、山东、湖北、上海、浙江、江苏、安徽、湖南、江西、广东、海南、福建） | Ⅰ型时空跃迁 |
| | H-L 型 | Ⅱ型时空跃迁 | Ⅲ型时空跃迁 | Ⅰ型时空跃迁 | Ⅳ型时空跃迁（贵州） |

　　总体来看，2000—2004 年属于第四种跃迁类型的共有 27 个省区市，包括 9 个高碳排放强度省区市、18 个低碳排放强度省区市，约占观测省区市总数的 90%。这表明 2000—2004 年中国省区市碳排放强度的分布具有高度的空间锁定或路径依赖特征，高碳排放强度省区市（内蒙古、新疆、吉林、辽宁、甘肃、河北、山西、宁夏、贵州）的碳排放强度的稳定性将制约中国碳排放强度下降。属于第一、二种跃迁类型的共有重庆、云南和青海 3 个省区市，约占观测省区市总数的 10%，而这 3 个省区市的跃迁性将成为驱动中国碳排放强度空间格局变动的关键。

　　2004—2008 年，吉林、辽宁和青海表现为第一种跃迁类型（Ⅰ型）；新疆、山西、甘肃、宁夏、内蒙古、陕西、四川、重庆、河北、黑龙江、北京、云南、河南、广西、天津、山东、江苏、上海、安徽、湖北、江西、福建、广东、海南、浙江、湖南、贵州表现为第四种跃迁类型（Ⅳ型），如表 5-5 所示。

表 5-5　2004—2008 年中国碳排放强度的时空跃迁矩阵

| 时间段 | | H-H 型 | L-H 型 | L-L 型 | H-L 型 |
|---|---|---|---|---|---|
| 2004—2008 年 | H-H 型 | Ⅳ 型时空跃迁（内蒙古、新疆、甘肃、河北、山西、宁夏、云南） | Ⅰ 型时空跃迁（吉林、辽宁） | Ⅲ 型时空跃迁 | Ⅱ 型时空跃迁 |
| | L-H 型 | Ⅰ 型时空跃迁 | Ⅳ 型时空跃迁（黑龙江、北京、陕西、河南、四川、重庆、广西） | Ⅱ 型时空跃迁 | Ⅲ 型时空跃迁 |
| | L-L 型 | Ⅲ 型时空跃迁 | Ⅱ 型时空跃迁 | Ⅳ 型时空跃迁（天津、山东、湖北、上海、浙江、江苏、安徽、湖南、广东、海南、江西、福建） | Ⅰ 型时空跃迁(青海) |
| | H-L 型 | Ⅱ 型时空跃迁 | Ⅲ 型时空跃迁 | Ⅰ 型时空跃迁 | Ⅳ 型时空跃迁(贵州) |

总体来看，2004—2008 年属于第四种跃迁类型的共有 27 个省区市，包括 8 个高碳排放强度省区市、15 个低碳排放强度省区市，约占观测省区市总数的 90%。这表明 2004—2008 年中国碳排放强度空间集聚趋势增强，省区市碳排放强度的分布具有高度的空间锁定或路径依赖特征，高碳排放强度省区市（内蒙古、新疆、甘肃、河北、山西、宁夏、云南、贵州）碳排放强度的稳定性将制约中国碳排放强度下降。属于第一种跃迁类型的共有吉林、辽宁和青海 3 个省区市，约占观测省区市总数的 10%，而这 3 省区市的跃迁性将成为驱动中国碳排放强度空间格局变动的关键。

2008—2012 年，宁夏、云南、重庆、广西表现为第二种跃迁类型（Ⅱ型）；黑龙江、吉林、辽宁、内蒙古、北京、天津、河北、山西、新疆、甘肃、陕西、河南、四川、江苏、江西、上海、浙江、安徽、山东、湖北、湖南、福建、广东、海南、青海、贵州表现为第四种跃迁类型（Ⅳ类型），如表 5-6 所示。

表 5-6　2008—2012 年中国碳排放强度的时空跃迁矩阵

| 时间段 | | H-H 型 | L-H 型 | L-L 型 | H-L 型 |
|---|---|---|---|---|---|
| 2008—2012 年 | H-H 型 | Ⅳ型时空跃迁（内蒙古、新疆、甘肃、河北、山西） | Ⅰ型时空跃迁 | Ⅲ型时空跃迁 | Ⅱ型时空跃迁（宁夏、云南） |
| | L-H 型 | Ⅰ型时空跃迁 | Ⅳ型时空跃迁（黑龙江、吉林、辽宁、北京、陕西、河南、四川） | Ⅱ型时空跃迁（重庆、广西） | Ⅲ型时空跃迁 |
| | L-L 型 | Ⅲ型时空跃迁 | Ⅱ型时空跃迁 | Ⅳ型时空跃迁（天津、安徽、湖北、山东、江苏、福建、广东、海南、上海、浙江、湖南、江西） | Ⅰ型时空跃迁 |
| | H-L 型 | Ⅱ型时空跃迁 | Ⅲ型时空跃迁 | Ⅰ型时空跃迁 | Ⅳ型时空跃迁（青海、贵州） |

　　总体来看，2004—2008 年属于第四种跃迁类型的共有 26 个省区市，包括 7 个高碳排放强度省区市、19 个低碳排放强度省区市，约占观测省区市总数的 86.7%。这表明 2008—2012 年中国各省区市碳排放强度的空间集聚趋势逐渐增强，各省区市碳排放强度的分布呈现出高度的空间锁定或路径依赖的特征，高碳排放强度省区市（内蒙古、新疆、甘肃、河北、山西、青海、贵州）碳排放强度的稳定性将制约中国碳排放强度的下降。属于第二种跃迁类型的有宁夏、云南、重庆和广西 4 个地区，约占观测省区市总数的 13.3%，它们的跃迁性将成为驱动中国碳排放强度空间格局变动的关键。

　　2012—2016 年，四川表现为第二种跃迁类型（Ⅱ型），黑龙江、吉林、内蒙古、北京、天津、陕西、甘肃、河北、新疆、山西、山东、湖北、湖南、河南、江苏、安徽、江西、浙江、福建、重庆、上海、广西、广东、海南、云南、贵州、宁夏、青海表现为第四种跃迁类型（Ⅳ型），如表 5-7 所示。

表 5-7　2012—2016 年中国碳排放强度的时空跃迁矩阵

| 时间段 | | H-H 型 | L-H 型 | L-L 型 | H-L 型 |
|---|---|---|---|---|---|
| 2012—2016 年 | H-H 型 | Ⅳ型时空跃迁（内蒙古、新疆、甘肃、河北、山西） | Ⅰ型时空跃迁 | Ⅲ型时空跃迁 | Ⅱ型时空跃迁 |
| | L-H 型 | Ⅰ型时空跃迁 | Ⅳ型时空跃迁（黑龙江、吉林、北京、陕西、河南） | Ⅱ型时空跃迁（四川） | Ⅲ型时空跃迁 |
| | L-L 型 | Ⅲ型时空跃迁 | Ⅱ型时空跃迁 | Ⅳ型时空跃迁（天津、湖北、重庆、上海、山东、江苏、安徽、浙江、湖南、广西、广东、江西、福建、海南） | Ⅰ型时空跃迁 |
| | H-L 型 | Ⅱ型时空跃迁 | Ⅲ型时空跃迁 | Ⅰ型时空跃迁 | Ⅳ型时空跃迁（宁夏、青海、云南、贵州） |

　　总体来看，2012—2016 年属于第四种跃迁类型的共有 29 个省区市，包括 9 个高碳排放强度省区市、20 个低碳排放强度省区市，约占观测省区市总数的 96.7%。这表明 2012—2016 年中国各省区市的碳排放强度空间集聚呈逐渐增强的趋势，且碳排放强度的分布具有极高的空间锁定或路径依赖特征，高碳排放强度省区市（内蒙古、新疆、甘肃、河北、山西、宁夏、青海、云南、贵州）碳排放强度的稳定性将制约中国碳排放强度下降。四川将成为驱动中国碳排放强度空间格局变动的关键地区。整体上来看，中国各省区市碳排放强度趋于低碳排放强度水平的稳定。

## 5.4　本章小结

　　本章依据探索性空间时空分析（ESTDA）框架，采用空间自相关分析方法，对中国 30 个省区市碳排放强度的时空分异及其跃迁性进行空间统计分析，主要关注全局空间自相关及局部空间自相关两个指标。全局 Moran's I 指数用于确定整个区域的碳排放强度的空间分布是否具有显著的聚集或分散。局域 Moran's I 指数用于确定局部地区碳排放强度的空间相关性和空间异质性，并在时态地理信息系统 GeoDA 等软件支持下绘制出碳排放强度的LISA 集聚分布结果，进一步刻画中国各省区市碳排放强度时空分异的变化趋势。研究发现：

　　① 中国碳排放强度的全局空间自相关呈现明显的阶段性分布特征。1997—2002 年的波动下降期为第一阶段；2003—2011 年的快速增长期为第二阶段；2012—2016 年波动增长并伴有小幅震荡的期间为第三阶段。这表明具有相似碳排放强度的省区市都呈现出先减弱后增强的空间集聚现象，并且与 20 年前相比，这种空间集聚现象有所增强，碳排放强度水平相近的省区市将会进一步收敛，这一结果与前面采用泰尔指数分析的结论基本一致。

　　② 中国碳排放强度的局部空间自相关呈现集聚与分异并存的分布特征。根据全局 Moran's I 指数分析中各阶段的起始年份，同时考虑时间间隔的均

衡性，可发现 6 个年份中国碳排放强度呈现为集聚与扩散并存的空间分布特征。大多数省区市都落在第一象限与第三象限，且具有较强的稳定性，这说明这些省区市的碳排放强度在空间上有较强的相互依存关系，并且有空间集聚的倾向。同时，有少部分省区市落在第二象限与第四象限，个别省区市的差异较大，这说明部分省区市存在着空间的差异性。通过纵向比较还发现，位于第三象限（L-L 型）的省区市数量远多于位于第一象限（H-H型）的省区市数量，这表明低值聚集的省区市多于高值聚集的省区市，这也是空间正相关性的主要表现。综上所述，中国各省区市碳排放强度总体呈下降趋势。

③ 中国碳排放强度的时空集聚特征显著，个别省区市的空间集聚发生了迁移。从 1997 年到 2016 年，具有高-高集聚特征的省区市数量在减少，而低-低聚集特征省区市的数量在增加。这说明碳排放强度水平在空间上的两极集聚现象越来越明显。从中国各省市 6 个年份碳排放强度的空间集聚特征的变化趋势可以看出，6 个年份空间正相关性（H-H 型和 L-L 型）的省区市个数均大于 19 个，表现为聚集特征的省区市已经超过 63%。这说明中国碳排放强度的时空集聚特征显著，该结果验证了全局空间相关性的分析。

# 第 6 章　中国碳排放强度的异质性收敛研究

　　我国"十三五"规划纲要中明确要求，要实现碳排放总量与碳排放强度双控的减排目标，同时要在空气污染控制等方面取得显著成效[151]。当前，中国不同的省区市经济发展水平相差较大，碳排放强度空间分布呈现出不均衡性，而且碳排放强度与经济发展水平密切相关，导致碳排放增长率存在地区差异。在研究碳排放强度的收敛性问题时，如果采用同质性生产技术条件下的传统收入收敛模型显然是不适用的，因此，为进一步分析不同省份和地区碳排放强度变化规律，本章采用异质性 PS 收敛方法对中国 30 个省区市碳排放强度的发散或俱乐部收敛进行检验，对中国碳排放强度的时空演进类型进行归类和分析，以确定相同类型区域的碳排放强度是否满足 EKC 的同质性假设。

## 6.1　中国碳排放强度的收敛类型

### 6.1.1　PS 收敛模型的设定

　　2007 年，Phillips 和 Sul 提出了一种研究假设，认为 PS 收敛方法不依赖于任何稳定趋势，可以解决标准单位根检验所无法解决的异质性条件下收敛性检验，该方法可用于对面板数据的收敛性质进行分析[150,151]。

　　(1) log 检验

　　设定主要研究的面板数据变量 $CI_{it}$（$i=1$，$\cdots$，$N$；$t=1$，$\cdots$，$T$），其中，$CI_{it}$ 为碳排放强度；$N$ 为样本数；$T$ 为样本的时间跨度。面板数据 $\log CI_{it}$ 可以分解为以下两部分：

$$\log(CI_{it}) = g_{it} + \varepsilon_{it} \tag{6-1}$$

式中，$g_{it}$ 为系统因素；$\varepsilon_{it}$ 为个体因素。$g_{it}$ 和 $\varepsilon_{it}$ 可以是线性的、非线性的、平稳的或非平稳的。进一步将式（6-1）分解为两部分，分别对应共同性因子和异质性因子，用式（6-2）表示。

$$\log(\mathrm{CI}_{it}) = \left(\frac{g_{it} + \varepsilon_{it}}{u_t}\right) u_t = \delta_{it} u_t \tag{6-2}$$

式中，$u_t$ 为共同因子，也即共同性部分；$\delta_{it}$ 为异质性成分。由此，通过检验 $\delta_{it}$ 是否收敛于常数 $\delta$，来判断 $\log y_{it}$ 的收敛性。

原假设（$H_0$）：构建 $\delta_{it}$ 的半参数模型为

$$\delta_{it} = \delta_i + \frac{\sigma_i \xi_{it}}{L(t) t^\alpha} \tag{6-3}$$

式中，$\delta_i$ 固定；$\sigma_i$ 为异质性规模参数；$\xi_{it} \sim iid\ (0, 1)$；$L(t)$ 为一个渐变函数，且满足 $L(t) \xrightarrow{t \to \infty} \infty$；$\alpha$ 为收敛速度。当 $\alpha = 0$ 时，收敛速度减缓，函数 $L(t)$ 确保收敛的存在。由此，收敛检验原假设（$H_0$）为

$$H_0: \delta_i = \delta\ 且\ \alpha \geqslant 0 \tag{6-4}$$

备择假设（$H_1$）：存在某个 $i$ 使得 $\delta_i \neq \delta$ 和（或）$\alpha < 0$。

若原假设（$H_0$）成立，则表明全样本收敛；若备择假设（$H_1$）成立，则表明存在部分样本数据不收敛。在原假设（$H_0$）成立的条件下，$h_{it}$ 的截面方差表达式为

$$V_t \sim \frac{A}{L(t)^2 t^{2\infty}},\ t \to \infty,\ A > 0 \tag{6-5}$$

由此，构建基于回归方程的收敛性检验模型为

$$\log\left(\frac{V_1}{V_t}\right) - 2\log L(t) = c + b\log t + u_t \tag{6-6}$$

$$t = [rT],\ [rT]+1,\ \cdots,\ T$$

式中，$r \in (0, 1)$，$L(t) = \log t$。采用稳健的 $t$ 检验方法，检验 $b$ 的显著性。函数 $L(t)$ 的应用确保当 $\alpha = 0$ 时，收敛仍成立。在 PS 收敛的情况下[152,153]，当 $t \to \infty$ 时，有

$$H_t \sim \frac{A}{L(t)^2 t^{2a}} \tag{6-7}$$

式中，$A$ 为正常数。

为了检验面板的收敛性，Phillips 和 Sul 定义了相对过渡参数 （relative transition parameter） $h_{it}$。$h_{it}$ 的表达式为

$$h_{it} = \frac{\log(\mathrm{CI}_{it})}{N^{-1} \sum_{i=1}^{N} \log(\mathrm{CI}_{it})} = \frac{\delta_{it} u_t}{N^{-1} \sum_{i=1}^{N} \delta_{it} u_t} = \frac{\delta_{it}}{N^{-1} \sum_{i=1}^{N} \delta_{it}} \tag{6-8}$$

式中，$h_{it}$ 为相对过渡参数，可度量某个体相对于其他个体的行为路径，也可度量其相对于共同增长路径 $u_t$ 的分离程度；$\delta_{it}$ 为时变特异系数，当 $\delta_{it}$ 收敛于常数 $\delta$ 时，$h_{it}$ 收敛于 1；$u_t$ 为共同增长路径。如果 $h_{it}$ 的横截面方差 $V_t$ 收敛于零，则当 $t \to \infty$ 时，有

$$V_t = \frac{1}{N} \sum_{i=1}^{N} (h_{it} - 1) \longrightarrow 0 \tag{6-9}$$

Phillips 和 Sul 通过对横截面方差比 $\frac{H_1}{H_t}$ 进行回归，检验原假设 （$H_0$） 是否成立：

$$\log\left(\frac{H_1}{H_t}\right) - 2\log L(t) = \hat{c} + \hat{b} \log t + \widehat{u_t} \tag{6-10}$$

式中，$\{t = [rT], [rT]+1, \cdots, T, r > 0\}$，设 $r = 0.3$，在该回归中 $L(t) = \log(t+1)$，且对于拟合的系数有 $\hat{b} = 2\hat{a}$，其中 $\hat{a}$ 是 $H_0$ 中 $\alpha$ 的估计值。

最后，通过 $b$ 值和 HAC 标准差的估计方法对单边异方差的稳健性进行 $t$ 检验，判断不等式 $\alpha \geqslant 0$ 是否成立。

（2）类型收敛与合并

根据 PS 收敛方法提出的检验样本数据的类型收敛，判断地区间碳排放强度是否存在发散或类型收敛。首先，将 30 个省区市的碳排放强度按照由小到大的顺序进行排序，根据排序确定类型核心组，并检验样本数据是否存在类型收敛。选择排序最靠前的 $K$ 个地区 （$2 \leqslant K \leqslant N$），构建第一个类型核心组，并检验该类型核心组是否可以构建一个收敛类型。如果 $t$ 检验结果不能拒绝原假设 （$H_0$），则将剩余地区分别逐一并入核心组进行 $\log t$ 检验，通过 $\log t$ 检验结果筛选出所有满足 $t > -1.65$ 的地区，再从中选择 $t$

值最大的一个地区与之前两个地区重新组成一组。若最初选取的两个地区构建的第一个类型的原假设（$H_0$）被拒绝，则把碳排放强度排名第一的地区删除，将排名第二和第三的地区确定为第一个类型，并且检验样本数据是否存在收敛。进一步选出 $t > c$ 且 $c \geqslant 0$（$c$ 为临界值）的省区市，将其与该收敛类型合并组成新组，并采用 $\log t$ 检验新组是否存在收敛。其次，将没有被选中的地区重新构建为一组并进行 $\log t$ 检验，判断这组是否存在收敛；如果收敛，那这个组就成为另一个收敛类型。如果 $\log t$ 检验结果拒绝收敛原假设（$H_0$），则将这些剩余省区市重新进行筛选与合并，进一步检验是否存在其他收敛类型。如果收敛结果不成立，则表明剩余省区市属于发散类型区域。

## 6.1.2 中国碳排放强度收敛类型的检验

表 6-1 是中国碳排放强度异质性收敛的检验结果。$\log t$ 检验结果表明：$-32.65 < t - \mathrm{critial} = -1.65$，整个面板数据收敛的原假设（$H_0$）被拒绝，中国碳排放强度不存在整体收敛。当临界值 $C^* = 0$ 时，$\log t$ 检验结果显示，30 个省区市的碳排放强度存在 5 个初始收敛类型和 1 个离散类型，其中，这 5 个初始收敛类型的 $\log t$ 检验系数 $t$ 值都不显著。通过进一步的类型合并检验发现，除了类型 3 和类型 4 合并检验的 $\log t$ 检验系数 $t$ 值大于临界值 $C^*$ 外，其他类型合并检验的 $\log t$ 检验系数 $t$ 值均小于临界值 $C^*$，这说明类型 3 和类型 4 可以合并为一个新的类型，而其他类型不能合并，应保持原来的类型状态。

表 6-1 中国碳排放强度异质性收敛的检验结果

| 初始分类 | | 合并检验 | | | | | 最终分类 | |
| --- | --- | --- | --- | --- | --- | --- | --- | --- |
| 类型 1 [3] | 2.18 (0.52) | club 1+2 −0.58* | | | | | 类型 A [3] | 2.18 (0.52) |
| 类型 2 [7] | 1.07 (0.43) | (0.26) | club 2+3 −0.46* | | | | 类型 B [7] | 1.07 (0.43) |
| 类型 3 [9] | 0.58 (0.21) | | (0.28) | club 3+4 0.51 | | | 类型 C [9] | 0.51 (0.36) |

| 初始分类 | | 合并检验 | | | | 最终分类 | |
|---|---|---|---|---|---|---|---|
| 类型 4 [5] | 0.38 (0.32) | | (0.36) | club 4+5 −0.38* | | 类型 D [10] | 0.19 (0.28) |
| 类型 5 [5] | 0.19 (0.28) | | | (0.32) | club 5+6 −2.36* | 类型 E [1] | |
| 类型 6 [1] | | | | | (0.21) | | |

注: * 表示类型之间不能合并; [] 内标注为该类型所含成员个数; () 内标注为标准误差。

## 6.2 中国碳排放强度的环境库兹涅茨曲线检验

前人研究的结果表明,在收敛性分析时,通常假设变量是相互独立的,而上一章的结论已经证明,碳排放强度存在显著的空间相关性,因此,变量独立性的假设不成立,而空间测量法是克服变量独立性问题的有效方法。一般情况下,空间误差模型和空间滞后模型空间可用来解决相关性问题:构建中国碳排放强度 EKC 的空间杜宾面板数据模型,检验各分异区域碳排放强度与经济增长之间"倒 U 型"关系的存在性,测定出各分异区域碳排放强度 EKC 的拐点,揭示各分异区域碳排放强度脱钩的程度。

### 6.2.1 EKC 空间计量模型的设定

在研究经济增长和碳排放强度的 EKC 回归分析时,为了消除异方差现象,通常将模型两边取对数,转化为线性回归模型。用面板数据进行计量分析时,碳排放强度的 EKC 模型可用式(6-11)表示。

$$\ln(\mathrm{CI}_{it}) = \alpha + \beta_1 \ln(\mathrm{GDPPC}_{it}) + \beta_2 \ln Z_{it} + \eta_{it} + \varepsilon_{it} \qquad (6\text{-}11)$$

式中,$\ln(\mathrm{CI}_{it})$ 为 $i$ 省区市 $t$ 年度的碳排放强度;$\alpha$ 表示常数项;$\beta_1$ 和 $\beta_2$ 为回归系数;$\eta_{it}$ 为个体效应;$\varepsilon_{it}$ 为随机误差项;$\ln(\mathrm{GDPPC}_{it})$ 为人均收入水平;$\ln Z_{it}$ 为外生解释变量,包括结构变动、人口规模、能源强度等因素。

Maddison（2006）的研究发现，使用面板数据能够增加参数估计的有效性[154]。沿用 Anil 等（2020）提出的空间面板数据计量模型的分析框架[155]，纳入时空效应和基于 EKC 理论基础，建立三种空间面板数据模型：空间滞后面板数据模型（SLPDM）、空间误差面板数据模型（SEPDM）和空间杜宾面板数据模型（SDPDM）。

SLPDM 模型可设定为

$$\ln(\mathrm{CI}_{it})=\alpha+\beta_1\ln(\mathrm{GDPPC}_{it})+\beta_2[\ln(\mathrm{GDPPC}_{it})]^2+\beta_3\ln Z_{it}+\rho\sum_{j=1}^{N}W_{ij}+\varepsilon_{it}$$

(6-12)

式中，$\ln(\mathrm{CI}_{it})$ 为 $i$ 省区市 $t$ 年度的碳排放强度；$\alpha$ 表示常数项；$i$ 表示空间维度，$i=1$，2，3，…，$N$；$t$ 表示时间维度，$t=1$，2，3，…，$T$；$\varepsilon_{it}$ 为随机误差项；$\rho$ 为空间滞后回归系数，表示空间面板数据的相关性；$\ln(\mathrm{GDPPC}_{it})$ 为人均收入水平；$\beta$ 表示相应解释变量的系数，反映解释变量对被解释变量的影响。$\beta_1$ 与 $\beta_2$ 分别是人均 GDP 及人均 GDP 平方项的系数，当 $\beta_1>0$，$\beta_2<0$ 时，碳排放强度与经济增长为"倒 U 型"关系，当 $\beta_1>0$，$\beta_2>0$ 时，碳排放强度与经济增长为"U 型"关系，根据拐点计算公式 $\xi=\exp[-\beta_1/(2\beta_2)]$，可得出各类型区域碳排放强度拐点的人均 GDP 水平；$\ln Z_{it}$ 为外生解释变量，包括结构变动、人口规模、能源强度等因素；$W_{ij}$ 为地理空间权重矩阵，表达式为

$$W_{ij}=\begin{cases}\dfrac{1}{d_{ij}^{\alpha}} & i\neq j\\ 0 & i=j\end{cases}$$

(6-13)

式中，$d_{ij}$ 为通过经度、纬度计算的第 $i$ 个地理空间位置与第 $j$ 个地理空间位置之间的大圆距离。

为检验各省区市间的碳排放强度是否存在随机误差冲击的空间溢出效应，设定 SEPDM 模型为

$$\ln(\mathrm{CI}_{it})=\alpha+\beta_1\ln(\mathrm{GDPPC}_{it})+\beta_2[\ln(\mathrm{GDPPC}_{it})]^2+\beta_3 Z_{it}+\varphi_{it}$$

$$\varphi_{it}=\lambda\sum_{j=1}^{N}W_{ij}\varphi_{it}+\varepsilon_{it}$$

(6-14)

式中，$\varphi_{it}$ 表示空间自相关误差项；$\lambda$ 表示空间误差回归系数。

进一步设定 SDPDM 模型为

$$\ln(\mathrm{CI}_{it}) = \delta \sum_{j=1}^{N} \boldsymbol{W}_{ij} \ln(\mathrm{CI}_{it}) + \alpha + \beta_1 \ln(\mathrm{GDPPC}_{it}) +$$

$$\beta_2 \big[\ln(\mathrm{GDPPC}_{it})\big]^2 + \beta_3 \sum_{j=1}^{N} \boldsymbol{W}_{ij} \ln(\mathrm{GDPPC}_{ijt}) + \qquad (6\text{-}15)$$

$$\varphi Z_{it} + \theta \sum_{j=1}^{N} \boldsymbol{W}_{ij} \ln Z_{ijt} + \mu_i + \lambda_t + \varepsilon_{it}$$

式中，$\alpha$ 表示常数项；$\beta_1$，$\beta_2$，$\beta_3$ 为回归系数；$\delta$，$\theta$ 均为固定的 $K \times 1$ 维参数向量；$\mu_i$ 为空间特质效应；$\lambda_t$ 为时间特质效应。当 $\theta = 0$ 和 $\theta + \delta\beta = 0$ 均被拒绝时，可以选择 SDPDM 模型来刻画碳排放强度的空间效应。

## 6.2.2 收敛区域碳排放强度空间计量模型的检验

采用 Anselin 和 Rey（2022）提出的拉格朗日乘数（Lagrange Multiplier，LM）检验方法[156]，对中国 30 个省区市碳排放强度的空间效应（依赖性与异质性）进行空间计量检验，结果列于表 6-2。SLPDM 模型中三种空间效应均通过 0.05 显著性水平的 LM 检验，SEPDM 模型中时空固定效应显著通过 0.05 显著性水平的 LM 检验。结合 SLPDM 模型与 SEPDM 模型稳健性的检验结果，可以完全拒绝非空间性面板 OLS 回归（即最小二乘法，Ordinary Least Squares）。同时，联合显著性似然比（Likelihood Ratio，LR）检验结果显示，空间固定效应和时间固定效应的 $P$ 值均小于0.01，拒绝非时空固定效应的原假设，进一步选择时空固定效应模型刻画各省区市碳排放强度的演进特征。

表 6-2  中国碳排放强度 SLPDM 与 SEPDM 的 LM 检验结果

| 检验统计量 | 面板 OLS | 空间固定效应 | 时间固定效应 | 时空固定效应 |
|---|---|---|---|---|
| $\sigma^2$ | 0.006 2 | 0.000 3 | 0.005 3 | 0.000 2 |
| $R^2$ | 0.894 2 | 0.801 3 | 0.893 2 | 0.349 2 |
| 调整的 $R^2$ | 0.876 9 | 0.765 2 | 0.869 1 | 0.614 3 |
| Durbin-Watson 检验 | 2.075 4 | 1.837 5 | 2.146 8 | 1.962 7 |

续表

| 检验统计量 | | 面板 OLS | 空间固定效应 | 时间固定效应 | 时空固定效应 |
|---|---|---|---|---|---|
| 似然函数值 | | 173.276 | 393.652 | 176.673 | 396.421 |
| LM Spatial Lag | | 13.283 1 (0.001) | 6.876 3 (0.012) | 12.798 6 (0.001) | 11.594 7 (0.001) |
| 稳健的 LM Spatial Lag | | 13.592 0 (0.001) | 3.374 6 (0.014) | 11.365 1 (0.001) | 2.596 2 (0.024) |
| LM Spatial Lag | | 2.321 5 (0.083) | 5.573 6 (0.072) | 2.276 9 (0.068) | 9.643 8 (0.003) |
| 稳健的 LM Spatial Lag | | 1.435 2 (0.136) | 0.123 6 (0.054) | 0.876 3 (0.075) | 0.123 2 (0.036) |
| 联合显著性似然比 (LR) 检验 | 统计量 | — | 426.075 3 | 16.230 0 | — |
| | 自由度 | — | 32.013 2 | 7.042 6 | — |
| | $P$ 值 | — | 0.000 1 | 0.006 9 | — |

从空间随机效应与时间固定效应的 Wald 和 LR 检验结果来看，空间随机效应杜宾模型的相关系数在 0.01 水平下显著，进一步 Hausman 检验得到的 $P$ 值也支持选择 SDPDM 模型，如表 6-3 所示。研究过程中，中国各省区市碳排放强度具有空间外溢效应，如果不考虑客观存在的空间相关性，仅仅采用行政区域划分标准不能满足 EKC 的同质性假设，可能会导致估计结果的偏差。

表 6-3 中国碳排放强度 SDPDM 的估计结果

| 检验统计量 | 估计结果 |
|---|---|
| teta | 0.137 6*** |
| $\sigma^2$ | (6.503 4) |
| $R^2$ | 0.000 2 |
| 调整的 $R^2$ | 0.995 2 |
| Durbin-Watson | 0.968 2 |
| 似然函数值 | 326.581 3 |
| Wald test spatial Lag | 68.031 2 (0.001) |

续表

| 检验统计量 | 估计结果 |
|---|---|
| LR test spatial Lag | NA |
| Wald test spatial error | 65.685 7<br>(0.001) |
| LR test spatial error | NA |
| Hausman 检验 | $P$ 值<br>1.000 0 |

注：＊表示 10％的显著性水平，＊＊表示 5％的显著性水平，＊＊＊表示 1％的显著性水平。

### 6.2.3 各收敛区域碳排放强度的 EKC 检验结果

（1）各收敛区域 EKC 的存在性

依据 PS 收敛及合并检验结果，将中国 30 个省区市的碳排放强度分为五种类型区域（其中包含一个发散类型），同类型区域内部的碳排放强度数据满足 EKC 同质性条件。采用 Stata 11.0 软件对各类型区域碳排放强度 EKC 参数进行估计，计算结果如表 6-4 所示。

表 6-4　中国碳排放强度的收敛结果及 EKC 检验

| 收敛类型 | 省区市名称 | 变量 | | |
|---|---|---|---|---|
| | | ln(GDPPC)系数 | [ln(GDPPC)]²系数 | ξ/（元·人⁻¹） |
| 类型 A | 新疆（1.07）、内蒙古（1.10）、宁夏（1.44） | 1.944 1*** | −0.092 3*** | 41 046 |
| 类型 B | 黑龙江（0.58）、云南（0.60）、贵州（0.68）、青海（0.68）、辽宁（0.70）、甘肃（0.70）、河北（0.85） | 2.024 0*** | −0.094 1*** | 47 049 |
| 类型 C | 广西（0.38）、四川（0.39）、吉林（0.41）、湖北（0.41）、江西（0.41）、河南（0.44）、安徽（0.45）、山东（0.46）、陕西（0.51） | 2.929 1*** | −0.135 2*** | 50 219 |

续表

| 收敛类型 | 省区市名称 | 变量 | | |
|---|---|---|---|---|
| | | ln(GDPPC)系数 | [ln(GDPPC)]²系数 | ξ/（元·人⁻¹） |
| 类型 D | 北京（0.19）、广东（0.28）、海南（0.28）、福建（0.29）、浙江（0.30）、重庆（0.30）、江苏（0.31）、湖南（0.35）、天津（0.36）、上海（0.37） | 3.027 4*** | −0.137 2*** | 63 576 |
| 类型 E | 山西（4.18） | 2.843 2*** | −0.134 0*** | 41 623 |

注：* 表示 10% 的显著，** 表示 5% 的显著，*** 表示 1% 的显著。

在考虑面板数据的空间相关性后，中国 30 个省区市碳排放强度 EKC 检验中，五类区域的经济增长解释变量一次项 ln(GDPPC) 及其二次项 [ln(GDPPC)]² 的估计系数均达到 1% 显著水平，EKC 的估计结果十分稳健。五种类型区域的 ln(GDPPC) 的系数均为正数且 [ln(GDPPC)]² 的系数均为负数，说明碳排放强度的空间面板数据的 EKC 假设成立。进一步计算出各类型区域碳排放强度拐点的人均 GDP，其中 D 类型与 E 类型区域的各省区市已经抵达碳排放强度 EKC 拐点，碳排放强度达到峰值后再逐渐降低。由于各类型区域在结构变动、人口规模和能源强度等方面存在异质性，因此各类型区域之间的碳排放强度拐点位置及达到拐点的时间存在差异，其中 A 类型区域、B 类型区域与 C 类型区域还未达到拐点，中国整体经济发展位于 EKC 的左半段。

（2）各收敛区域碳排放强度达峰的时间预期

基于 GDP 修正对中国经济评价的重要性，根据中国 30 个省区市人均 GDP 的实际增长率及中国"十三五"期间 6.5% 的经济增长率目标，采用王红茹等（2006）、杨缅昆（2000）提出的 GDP 修正方法[157,158]，按照各类型区域实际人均 GDP 增长率估算出了 30 个省区市碳排放强度的达峰时间，如表 6-5 所示。

表 6-5 中国碳排放强度峰值的时间估计

| 区域 | 省区市 | 修正 PGDP 增长率/% | 达峰年份 | 区域 | 省区市 | 修正 PGDP 增长率/% | 达峰年份 |
|---|---|---|---|---|---|---|---|
| 类型 D | 北京 | — | 2008 | 类型 C | 广西 | 3.20 | 2020 |
| | 广东 | — | 2015 | | 四川 | 4.65 | 2020 |
| | 海南 | 0.59 | 2019 | | 吉林 | — | 2015 |
| | 福建 | — | 2012 | | 湖北 | — | 2015 |
| | 浙江 | — | 2013 | | 江西 | 5.21 | 2020 |
| | 重庆 | — | 2014 | | 河南 | 4.39 | 2019 |
| | 江苏 | — | 2012 | | 安徽 | 4.28 | 2020 |
| | 湖南 | 5.34 | 2019 | | 山东 | — | 2012 |
| | 天津 | — | 2008 | | 陕西 | 8.73 | 2019 |
| | 上海 | — | 2008 | 类型 A | 新疆 | 1.20 | 2019 |
| 类型 B | 黑龙江 | −0.22 | 2019 | | 内蒙古 | — | 2010 |
| | 云南 | 1.94 | 2020 | | 宁夏 | — | 2014 |
| | 贵州 | 8.90 | 2019 | 类型 E | 山西 | 2.48 | 2019 |
| | 青海 | — | 2015 | | | | |
| | 辽宁 | — | 2011 | | | | |
| | 甘肃 | 3.82 | 2020 | | | | |
| | 河北 | 1.58 | 2019 | | | | |

结果表明，D 类型区域包含 10 个省区市，北京（2008 年）、广东（2015 年）、海南（2019）、福建（2012 年）、浙江（2013 年）、重庆（2014年）、江苏（2012 年）、湖南（2019）、天津（2008 年）、上海（2008 年）均达到碳排放强度的拐点；A 类型区域包含 3 个省区市，新疆、内蒙古和宁夏分别于 2019 年、2010 年和 2014 年抵达碳排放强度的拐点。C 类型区域包含 9 个省区市，其中吉林（2015 年）、湖北（2015 年）和山东（2012 年）3个省区市已经抵达碳排放强度的拐点，广西（2020 年）、四川（2020 年）、江西（2020 年）、河南（2019 年）、安徽（2020 年）、陕西（2019 年）6 个省区市接近碳排放强度的拐点，四川、江西和安徽距离 EKC 拐点较远。B

类型区域包括 7 个省区市，其中，青海（2015 年）和辽宁（2011 年）已经达到碳排放强度的拐点，黑龙江（2019 年）、云南（2020 年）、贵州（2019 年）、甘肃（2020 年）、河北（2019 年）5 个省区市接近碳排放强度的拐点，云南和甘肃距离 EKC 拐点较远。E 类型区域山西省在 2019 年达到碳排放强度的拐点。

根据中国政府规划"十三五"期间预期 6.5% 的经济增长率，中国碳排放强度将在 2020 年左右抵达 EKC 拐点。该研究结果与林伯强和蒋竺均（2009）提出中国碳排放 EKC 的理论拐点为 2020 年左右的结论趋同[159]，但是其估计的拐点（人均 GDP 为 37 170 元/人）没有考虑到各省区市碳排放强度的异质性收敛及路径性差异。

## 6.3　中国碳排放强度马尔可夫模型稳态预测

采用时空加权 Markov 链方法，构建分异区域碳排放强度的时空跃迁概率矩阵，分析不同时段分异区域碳排放强度关联类型的转移情况，揭示中国碳排放强度局部空间关联结构跃迁的机理。

### 6.3.1　Markov 链方法

Markov 链方法（Markov，1906）是评估状态转移概率的方法，近期相关研究已经扩展到 Markov 链地理统计学（Geo-Statistics），并成为模拟空间数据动态演进的主要方法[160]。Markov 链描述随机变量 $X$ 的一个数列，每一个随机变量 $X_1$，$X_2$，$X_3$，… 的状态取值结果通常取决于前面有限种状态的转移状况。$N$ 为状态空间，表示随机变量 $X$ 所有可能取值的范围集合；$Q$ 为随机变量的状态转移概率，表示随机变量 $X$ 从一种状态转变为另一种状态的程度。当 $n \geqslant 2$ 且 $t_1 < t_2 \cdots < t_n \in T$ 时，在条件 $X(t_i) = x_i$，$x_i \in N$，$i = 1$，$2$，…，$n-1$ 下，$\{X(t)，t \in T\}$ 的 Markov 过程表达式为

$$Q\{X(t_n) \leqslant x_n \mid X(t_1) = x_1, X(t_2) = x_2, \cdots, X(t_{n-1}) = x_{n-1}\}$$
$$= Q\{X(t_n) \leqslant x_n \mid X(t_{n-1}) = x_{n-1}\} \tag{6-16}$$

根据中国 30 个省区市碳排放强度的时空分异类型，构造一个 $N \times N$ 阶

的碳排放强度状态转移概率矩阵。对所有时期 $t$ 和所有可能的状态 $j$，$i$ 和 $ik$（$k=0,1,2,\cdots,t-2$），一阶 Markov 链的表达式为

$$Q\{X(t)=j\,|\,X(t-1)=i,X(t-2)=i_{t-2}\,|\,,\cdots,X(0)=i_o\}$$
$$=Q\{X(t)=j\,|\,X(t-1)=i\} \tag{6-17}$$

如果 $X_{t+1}$ 对于过去状态的条件概率分布是 $X_t$ 的一个函数，则设 $X_t$，$t\in T$ 是一个 Markov 随机过程，表达式为

$$\boldsymbol{Q}_{ij}=\begin{bmatrix} Q_{11} & Q_{12} & Q_{13} & \cdots \\ Q_{21} & Q_{22} & Q_{23} & \cdots \\ Q_{31} & Q_{32} & Q_{33} & \cdots \\ \cdots & \cdots & \cdots & \end{bmatrix} \tag{6-18}$$

式中，$\boldsymbol{Q}_{ij}$ 为碳排放强度的状态转移概率矩阵，状态空间为 $N$，记 $Q_{ij}=Q\{X_{t+1}=j\,|\,X_t=i,\,i,\,j\in N\}$。$\boldsymbol{Q}_{ij}$ 的最大似然估计表达式为

$$Q_{ij}=\frac{n_{ij}}{n_i} \tag{6-19}$$

式中，$n_{ij}$ 为碳排放强度状态转移的次数；$n_i$ 为第 $i$ 种状态出现的总次数。

假设 $\boldsymbol{F}_t$ 是 $1\times N$ 的行向量，则 $t+1$ 时期碳排放强度的分布为 $\boldsymbol{F}_{t+1}=\boldsymbol{F}_t\boldsymbol{Q}$。由此，$t+r$ 时期的碳排放强度分布 $\boldsymbol{F}_{t+r}$ 可以表示为

$$\boldsymbol{F}_{t+r}=\boldsymbol{F}_t\boldsymbol{Q}_r \tag{6-20}$$

当 $r\to\infty$ 时，碳排放强度的状态转移概率矩阵 $\boldsymbol{Q}_r$ 将收敛于一个秩为 1 的极限矩阵，进而得到碳排放强度的长期稳态分布 $\boldsymbol{F}$。

### 6.3.2 收敛区域碳排放强度的初始状态分类

根据碳排放强度异质性收敛的结果，将中国 30 个省区市的碳排放强度划分为 5 种初始状态演进类型，同时 5 种类型区域符合有限性、不交叉性与完备性等基本特性，如表 6-6 所示。其中，碳排放强度收敛于类型 A 的省区市有 3 个，收敛于类型 B 的省区市有 7 个，收敛于类型 E 的省区市有 1 个。这 11 个省区市的碳排放强度高于全国平均水平（0.58 吨/万元），分别属于中等、中高、高碳排放强度区域。另外，碳排放强度收敛于类型 C 的省区市有 9 个，收敛于类型 D 的省区市有 10 个，类型 C 和类型 D 分别属于中低

和低碳排放强度区域，所包含的 19 个省区市的碳排放强度水平低于全国平均水平。类型 C 和类型 D 包含的省区市数量约占全国省区市数量的 63%，将成为拉动中国碳排放强度下降的主要区域。

表 6-6　中国碳排放强度的初始状态分类

| 初始状态类型 | 省区市名称 | 收敛区间 | 碳排放水平 |
| --- | --- | --- | --- |
| 类型 D [10] | 北京（0.19）、广东（0.28）、海南（0.28）、福建（0.29）、浙江（0.30）、重庆（0.30）、江苏（0.31）、湖南（0.35）、天津（0.36）、上海（0.37） | (0，0.37] | 低 |
| 类型 C [9] | 广西（0.38）、四川（0.39）、吉林（0.41）、湖北（0.41）、江西（0.41）、河南（0.44）、安徽（0.45）、山东（0.46）、陕西（0.51） | (0.37，0.51] | 中低 |
| 类型 B [7] | 黑龙江（0.58）、云南（0.60）、贵州（0.68）、青海（0.68）、辽宁（0.70）、甘肃（0.70）、河北（0.85） | (0.51—0.85] | 中等 |
| 类型 A [3] | 新疆（1.07）、内蒙古（1.10）、宁夏（1.44） | (0.85，1.44] | 中高 |
| 类型 E [1] | 山西（4.18） | (1.44，+∞) | 高 |

### 6.3.3　收敛区域碳排放强度的 Markov 转移分布结果

利用 ArcGIS 10.0 构建各类型区域碳排放强度状态演进的 Markov 转移概率矩阵，采用 Matlab 7.0 行矩阵转换确定转移概率的估计结果，如表 6-7 所示。D 类型省区市保持低碳排放强度水平不变的概率为 93%，上升为中低碳排放强度水平的概率为 7%，说明 D 类型省区市的碳排放强度具有高度的稳定性；C 类型省区市保持中低碳排放强度水平不变的概率为 45%，下降为低碳排放强度水平的概率为 55%，说明 C 类型省区市的碳排放强度具有一定的流动性，其转出概率大于稳定性概率水平；B 类型省区市保持中等碳排放强度水平不变的概率为 43%，下降到中低碳排放强度水平的概率为 46%，下降到低碳排放强度水平的概率为 11%，说明 B 类型省区市碳排放强度具有较大的流动性，相邻状态的转出概率略大于稳定性概率水平，存在部分程度的跨状态转移；A 类型省区市保持中高碳排放强度水平不变的概率为 38％，下降为中等碳排放强度水平的概率为 50％，下降为中低碳排放强度水平的概率为 12％，说明 A 类型省区市碳排放强度在相邻状态的具有较高的流动性，存在一定程度的跨状态转移；E 类型省区市保持高碳排放强度水平不变的概率为 32％，下降到中高碳排放强度水平的概率为 61％，下降为中等碳排放强度水平的概率为 7％。

表 6-7　中国碳排放强度的 Markov 转移概率矩阵

| $t/(t+1)$ | 收敛区间 | 类型 D $(0,0.37]$ | 类型 C $(0.37,0.51]$ | 类型 B $(0.51,0.85]$ | 类型 A $(0.85,1.44]$ | 类型 E $(1.44,+\infty)$ |
|---|---|---|---|---|---|---|
| 类型 D[10] | $(0,0.37]$ | 0.93 | 0.07 | 0 | 0 | 0 |
| 类型 C[9] | $(0.37,0.51]$ | 0.55 | 0.45 | 0 | 0 | 0 |
| 类型 B[7] | $(0.51,0.85]$ | 0.11 | 0.46 | 0.43 | 0 | 0 |
| 类型 A[3] | $(0.85,1.44]$ | 0 | 0.12 | 0.50 | 0.38 | 0 |
| 类型 E[1] | $(1.44,+\infty)$ | 0 | 0 | 0.07 | 0.61 | 0.32 |

注：$t$ 和 $t+1$ 分别为 $t$ 年份和 $t+1$ 年份。

进一步考察中国碳排放强度的长期空间均衡状态，计算出各类型区域碳排放强度的 Markov 分布状态，如表 6-8 所示。相邻分布状态的碳排放强度具有较大的流动性，然而跨区间的碳排放强度的转移程度较低，整体来看，高水平的碳排放强度将向着低水平碳排放强度转移。中国碳排放强度的 Markov 稳态分布结果显示，D 类型区域碳排放强度将由初始状态的 33.3％下降至 32.6％的稳态水平，C 类型区域碳排放强度将由初始状态的 30.0％上升到 67.4％的稳态水平，中低碳排放强度水平的省区市数量将进一步增加，推动中国碳排放强度总体水平呈现下降趋势。

表 6-8　中国碳排放强度的 Markov 稳态分布结果

| 分布状态 | 类型 D 低 | 类型 C 中低 | 类型 B 中等 | 类型 A 中高 | 类型 E 高 |
|---|---|---|---|---|---|
| 初始状态 | 0.333 | 0.300 | 0.233 | 0.100 | 0.033 |
| 稳定状态 | 0.326 | 0.674 | 0 | 0 | 0 |

## 6.4　本章小结

在中国特有的梯度经济发展模式下，各地区经济增长与碳排放水平具有高度的相关性；同时，经济发展相对落后的地区在追赶经济发达地区的进程中，碳排放强度的地区间差距呈现先扩大后缩小的趋势，各省区市碳排放强度长期演进中具有整体收敛的态势。基于中国碳排放强度的省际面板数据，本书采用异质性 PS 收敛方法将 30 个省区市分为 5 类，构建了符合 EKC 同质性假设的空间面板数据计量模型，对中国碳排放强度的 EKC 进行实证检验及拐点估计。研究结果表明：

① 考虑空间相关性后中国碳排放强度的 EKC 估计模型更加稳健，空间杜宾面板数据模型的检验结果表明，5 种地区的 EKC 假设是有效的。针对中国目前的情况，碳排放强度整体处于 EKC 左侧的上升阶段，不同省份碳排放强度的拐点和时间路径存在明显差异。按照"十三五"期间经济增长 6.5% 的目标，模型估算结果进一步表明，中国将实现 2020 年碳排放强度与经济增长"脱钩"的预期目标。

② 在局部均衡比较静态分析的框架下，研究发现中国 30 个省区市碳排放强度的时空格局演进中存在 5 种俱乐部的分异类型，同时，各分异的区域符合有限性、不交叉性与完备性等 Markov 基本特性。进一步 Markov 转移概率矩阵结果显示，各分异的区域呈现向相邻的低碳排放强度水平区域演进的趋势，跨区间碳排放强度状态转移的概率比较低。低水平碳排放强度的省区市具有一定的稳定性，保持在低碳排放水平的概率较高。同时，高碳排放强度的省区市有明显向中高水平甚至更低水平转移的态势。其中，处于低碳排放强度水平的江苏、浙江、上海、广东、北京 5 个省区市具有一定的稳定性，向相邻中低碳排放强度水平状态转移的概率最低为 7%，高碳排放强度水平的宁夏向相邻中高碳排放强度水平状态转移的概率最高为 61%，中国碳排放强度整体上将呈现低于中低碳排放强度水平的长期空间均衡稳态分布结果。

# 第7章 中国碳排放强度的影响因素研究

中国碳排放强度时空关联和异质性收敛的检验结果显示，中国碳排放强度存在显著的空间集聚与分异特征，因此，对中国碳排放强度空间格局变动影响因素的识别，不仅能够很好地反映相邻地区碳排放强度的时空关联性，而且有利于解释碳排放强度的非均衡空间分布问题。本章在充分考虑中国碳排放强度时空演进的空间依赖性和异质性的前提下，将空间面板数据模型与分位数回归模型相结合，以碳排放强度为因变量，人口规模、产业结构、经济发展水平、能源强度、城镇化水平、对外开放水平等驱动因素为自变量[161,162]，进一步检验中国碳排放强度影响因素的时空溢出性。

## 7.1 指标选取与数据来源

### 7.1.1 指标选取

（1）IPAT 方程

1971 年 Ehrlich 和 Holdren 首次提出 IPAT 方程，目的是研究人类活动对环境压力的影响[163]。IPAT 方程的一般形式为

$$I = P \cdot A \cdot T \tag{7-1}$$

式中，$I$ 为环境变量；$P$ 为人口规模；$A$ 为人均财富；$T$ 为技术水平。这个方程严格定义了方程两边之间的关系，并要求因变量 $I$ 与自变量 $P$，$A$，$T$ 成正比。

IPAT 模型虽然是一个非常简洁而有效的模型，但在使用时有两个缺点。首先，IPAT 模型只是一个数学公式，不能直接用来检验各种因素对环境影响的假设；其次，IPAT 模型简单地假定人口、技术和财富对环境的弹

性是一致的，与"倒 U 型"EKC 假说相冲突。为了弥补 IPAT 模型在这两方面的不足，赵桂梅等（2017）尝试对该模型进行改进[164]。

Dietz 等（2001）以随机的形式表达了 IPAT 模型，并构建了随机 STIRPAT（Stochastic Impacts by Regression on Population，Affluence and Technology）模型[165]。目前，在研究环境和污染物排放的影响时，往往会使用 STIRPAT 模型。在 STIRPAT 模型中，用引入的指数来分析各个环境变量的影响因素对环境变量的非比例影响，基本形式为

$$I = \alpha \, P^{\alpha_1} A^{\alpha_2} T^{\alpha_3} \, e \tag{7-2}$$

式中，$I$，$P$，$A$，$T$ 等符号的含义与 IPAT 模型中是一致的；$e$ 为误差项（干扰项）；$\alpha$ 是模型系数（常数项），$\alpha_1$，$\alpha_2$，$\alpha_3$ 分别表示人口规模、富裕程度和技术水平的弹性系数（估计的参数）。在 STIRPAT 模型中，当 $\alpha = \alpha_1 = \alpha_2 = \alpha_3 = 1$ 时，$I = P \cdot A \cdot T$，这就是 IPAT 方程。

在实践中，为了消除异方差，通常在模型的两侧都采用对数形式，并将 IPAT 模型转化为线性回归模型。这样不但不会改变数据的原始协整，反而会使模型变得更加灵活。对数形式的 STIRPAT 模型为

$$\ln I = \alpha + \alpha_1 \ln P + \alpha_2 \ln A + \alpha_3 \ln T + e \tag{7-3}$$

式中，$\ln I$ 表示因变量；$\ln P$，$\ln A$，$\ln T$ 为自变量；$e$ 为误差项；$\alpha$ 为常数项。

（2）碳排放强度分解

碳排放强度是碳排放量与实际国内生产总值的比值，周五七和聂鸣（2012）提出碳排放强度分解公式为

$$CI = \sum_{i=1}^{m} \sum_{j=1}^{n} \frac{CE_{ij}}{GDP} = \sum_{i=1}^{m} \sum_{j=1}^{n} \frac{CE_{ij}}{E_{ij}} \frac{E_{ij}}{E_i} \frac{E_i}{GDP_i} \frac{GDP_i}{GDP}$$
$$= \sum_{i=1}^{m} \sum_{j=1}^{n} CEF_{ij} \, ECS_{ij} \, EI_i \, IS_i \tag{7-4}$$

式中，CI 为碳排放强度；$i$ 为产业类别；$j$ 为能源种类；CE 为碳排放量；$E$ 为能源消费量；CEF 为碳排放系数；ECS 为能源消费结构；EI 为能源强度；IS 为某类产业增加值在 GDP 中所占比重（即产业结构）。

从式（7-4）可知，决定碳排放强度大小的因素有产业结构、能源强度、能源消费结构和不同能源的碳排放系数。由于样本的时间范围仅限于 1997 年至 2016 年，加之在比较短的时期内，不同品种能源的碳排放系数变化微小，因此本研究中对其可暂且忽略不计。基于此，本研究使用的基础计量模型设定为

$$CI = \beta_t + \beta_1 EI_t + \beta_2 ECS_t + \beta_3 IS_t + \varepsilon_t \qquad (7\text{-}5)$$

式中，ECS 为能源消费结构；EI 为能源强度；IS 为产业结构；$c$ 为常数项；$\beta_1$，$\beta_2$，$\beta_3$ 为相应回归元的弹性系数；$t$ 为时间；$\varepsilon$ 为随机误差项。为减小数据剧烈波动和异方差的影响，模型中所有变量均取其自然对数值，但这种变换并不改变变量之间的动态变化关系，公式如下：

$$\ln(CI_t) = \beta_t + \beta_{1t} \ln(EI) + \beta_{2t} \ln(IS) + \beta_{3t} \ln(ECS) \qquad (7\text{-}6)$$

（3）STIRPAT 模型扩展

相关文献研究结果表明，碳排放强度是由多种因素决定的。为了研究各种因素及其空间外溢效应在不同区域的异质性，借鉴前人在碳排放强度驱动因素的研究成果，基于经济系统和碳排放系统的复杂性和相关性，在实际回归模型中，除了包括人口规模、人均财富（经济发展水平）、技术水平（能源强度）等核心解释变量外，还加入了能源价格、对外开放水平、能源消费结构、产业结构和城镇化水平等控制变量，将 STIRPAT 模型进行扩展，具体的计算式为

$$\begin{aligned}
\ln(CI_{it}) = {} & \alpha_{it} + \beta_{1it} \ln(P) + \beta_{2it} \ln(GDPPC) + \beta_{3it} \ln(EI) \\
& + \beta_{4it} \ln(EP) + \beta_{5it} \ln(IS) + \beta_{6it} \ln(ECS) \\
& + \beta_{7it} \ln(UR) + \beta_{8it} \ln(OPEN)
\end{aligned} \qquad (7\text{-}7)$$

式中，CI 是碳排放强度；下标 $i$，$t$ 分别表示观测样本和时间；$P$ 是人口规模；GDPPC 为经济发展水平；EI 为能源强度；IS 为产业结构；ECS 为能源消费结构；OPEN 为对外开放水平；EP 为能源价格；UR 为城镇化水平。

### 7.1.2 数据来源

中国碳排放强度的影响因素主要包括能源强度、能源消费结构、经济发展水平、人口规模、产业结构、城镇化水平和对外开放水平等，对上述

各变量的含义和度量说明如下：

（1）人口规模（P）

人口的不断增长会导致地区能源消费需求的增长，从而使能源消费产生的 $CO_2$ 排放量也将增加。姚从容（2012）、马晓钰等（2013）从不同角度研究表明，人口规模的不断扩大对 $CO_2$ 排放量的增长具有重要影响[166,167]。沈杰（2016）认为人口规模的扩大能够促进技术的进步，实现技术效应，而技术的提高会在一定程度上减弱能源消费增长对环境的负面影响[168]。本书中，人口规模用各省区市总人口的对数形式表示，记为 ln P。

（2）经济发展水平（GDPPC）

人均收入水平能够反映一个区域经济发展的阶段性特征，也可以用来表征不同的能源消费特征和对环境质量的影响，从环境库兹涅茨曲线（EKC）可以得到"倒 U 型"的长期环境污染和经济增长的规律。吴振信等（2012）、周纪昌（2013）等研究发现，人均 GDP 的增长是促进碳排放量增加的一个重要原因；随着 GDP 的增加，碳排放强度呈现先下降后上升、再下降的趋势，因此推行低碳经济至关重要[169,170]。本书中，经济发展水平指标是根据每年省名义 GDP 转换为 1997 年基准年后各省区市的实际人均 GDP（剔除物价影响），然后取对数形式，记为 ln（GDPPC）。

（3）能源强度（EI）

能源强度即能源消费占 GDP 的比重，可以反映一个国家或地区的能源消费总量与经济发展水平的关系。在经济发展水平相同的情况下，区域能源强度的增加意味着该地区能源消费水平的提高，导致该地区 $CO_2$ 排放量的增加。一般来说，中国不同地区的能源效率存在差异，所以在相同 GDP 产出的情况下，能源消耗也不相同。李洋（2015）、潘雄锋等（2016）用不同的计量方法得到的结果表明，能源强度的降低和能源效率的提高能够较好地推动碳强度的下降[171,172]。本书中，区域能源消费强度用各省区市的能源消费总量占 GDP 比重的对数形式表示，记为 ln（EI）。

（4）能源价格（EP）

根据需求定理，价格与能源消费呈负相关关系。因此，王素凤

（2011）、董锋和高新起（2016）认为，能源价格是影响能源消耗的重要因素，反过来又可能改变碳强度；中国能源价格市场化程度不高，能源价格低，价格扭曲比较严重，价格机制不能有效规范资源的生产和消费[173,174]。长期以来，中国能源结构中"一煤"独大，导致 GDP $CO_2$ 密度高居不下，燃烧 1 吨煤所产生的 $CO_2$ 排放量比石油多 30%，比天然气多 70%。因此，本书采用的煤炭价格是以出厂价格指数累计变化时间序列为替代变量，取自然对数来克服异方差，记为 ln（EP）。

（5）产业结构（IS）

产业结构的变动是区域经济发展的必然结果和重要标志。产业结构的生态化在推动碳减排目标的实现中起着重要的作用。不同行业在碳排放强度上存在显著差异，产业结构的变动将影响能源效率，最终将影响碳排放总量和碳排放强度。李健和周慧（2012）的研究认为，第二产业比重和碳排放量成正比关系[175]；鲁沛（2015）、原嫄等（2016）的实证研究结果表明，如果地区产业结构高度碳化不能得到有效调整，在中国经济发展的现阶段，碳排放强度难以急剧降低[176,177]。本书中，产业结构用第二产业产值与 GDP 的比值来表示。

（6）能源消费结构（ECS）

$CO_2$ 的排放主要是由化石燃料的燃烧引起的。不同能源的碳排放量差别很大：燃煤产生的 $CO_2$ 排放量是天然气的 1.6 倍、石油的 1.2 倍。煤炭主宰着中国的能源消费结构，在推动经济快速增长的同时，也对节能减排提出了很大的挑战。能源消费结构的区域化是影响区域碳排放差异的因素之一。高长春等（2016）的研究表明，工业部门能源消费的持续增长是中国能源消费总量增长与碳排放量增长的主要驱动因子[178]。Cheng 等（2013）的研究表明，在经济发展过程中，需要改善能源消费结构，能源生产应注重低碳、清洁，能源消费要节能优先、绿色高效[179]。本书中，以煤炭消费量占能源消费总量的比例来表示能源消费结构。

（7）城镇化水平（UR）

城镇化水平可以反映一个地区实现的城市化程度。在城镇基础设施建设和产业布局调整的情况下，中国城镇化水平进入快速发展阶段。根据国家统计局公布的数据，近年来，中国城镇化率有较快的提高，从 2005 年的 42.99％上升到 2016 年的 57.35％。易艳春和高玉芳（2013）、王小斌和邵燕斐（2014）等研究认为，提高城镇化水平将导致二氧化碳排放量的增长[180,181]。但与农村相比，在城镇中实现规模经济和产业集聚的机会和可能性更大，从而实现资源的有效利用和分配，提高能源利用效率。因此，采取合理的方法和手段提高城镇化水平，对中国建设碳中性城市和降低碳排放强度具有重要意义。本书中，参照林伯强和刘希颖提出的方法[182]，采用非农业人口占总人口的比例来衡量各省区市的城镇化水平，对其取对数后，记为 ln（UR）。

（8）对外开放水平（OPEN）

对外开放是中国经济发展的引擎，但也对中国的碳减排产生了负面影响：一方面，受到国外环境监管的改善和能源消费需求的提高，中国出口企业被迫调整出口产品，提高能源效率；另一方面，过度出口也会导致对资源的掠夺性开采，进出口贸易中隐含的碳和高耗能技术的转移也给国内碳减排工作带来巨大的压力。因此，在中国进出口贸易快速增长的背景下，研究对外开放程度对碳排放的影响是非常重要和必要的。张友国（2015）、金春雨和王伟强（2016）的研究认为，对外开放促使发展中国家为了提高其国际竞争力而降低环境标准，从而成为发达国家的"污染收容所"[183,184]。黄凌云等（2017）、张华明等（2017）的研究认为，引入外商直接投资对中国碳排放污染的影响表现为"污染光环"和"污染天堂"的双重效应[185,186]。

本书所用的数据均来自历年的《中国统计年鉴》《中国人口统计年鉴》《中国能源统计年鉴》《中国城市（镇）生活与价格年鉴》《中国人口与就业统计年鉴》《中国科技统计年鉴》及各区域的统计年鉴。具体的解释变量和被解释变量的描述统计量如表 7-1 所示。

表 7-1 碳排放强度影响因素的指标变量

| 变量名称 | 变量符号 | 变量含义 | 数据来源 |
|---|---|---|---|
| 碳排放强度 | CI | 碳排放量与 GDP 的比值（单位：吨/万元） | 碳排放量根据 PICC 提供的方法计算得到；GDP 根据历年《中国统计年鉴》整理得到 |
| 人口规模 | P | 人口结构（单位：万人） | 根据历年《中国人口与就业统计年鉴》、《中国城市（镇）生活与价格年鉴》整理得到 |
| 经济发展水平 | GDPPC | 人均收入水平（单位：万元/人） | 根据历年《中国统计年鉴》，并按照 1997 年不变价格进行调整计算得到 |
| 能源强度 | EI | 能源消费量与 GDP 的比值，即技术水平、单位 GDP 能耗（单位：吨标准煤/万元） | 根据历年《中国统计年鉴》《中国能源统计年鉴》和《中国科技统计年鉴》整理得到 |
| 能源价格 | EP | 用煤炭价格出厂价格指数累计变化时间序列为替代变量 | 根据历年《中国能源统计年鉴》《中国统计年鉴》以及各区域的统计年鉴整理得到 |
| 产业结构 | IS | 第二产业占地区生产总值的比重（单位:%） | 根据历年《中国工业统计年鉴》和《中国统计年鉴》计算得到 |
| 能源消费结构 | ECS | 煤炭消费量占能源消费总量比重 | 根据历年《中国能源统计年鉴》计算得到 |
| 城镇化水平 | UR | 非农人口占人口总数的比重（单位:%） | 根据历年《中国人口统计年鉴》《中国城市（镇）生活与价格年鉴》和《中国人口与就业统计年鉴》计算得到 |
| 对外开放水平 | OPEN | 地区外商投资企业年底注册登记投资总额（单位：亿美元） | 根据历年《中国统计年鉴》整理得到 |

## 7.2 空间权重矩阵的设定与模型构建

### 7.2.1 空间权重矩阵的设定

由于碳排放强度空间格局演进中具有显著的空间相关性和异质性，因此，可基于扩展的 STIRPAT 模型建立空间计量经济模型，并通过构建空间权重矩阵来描述空间经济计量模型的空间依赖性。在碳排放空间计量研究中，选择哪种空间计量模型、各省区市的碳排放之间是否存在空间相关性、最后的结果是否符合实际等，对空间权重矩阵的构建有重要影响。为了更客观地衡量中国的碳排放，提高空间计量经济模型的可解释性，有必要考虑地理要素和非地理要素的空间邻近关系对碳排放的空间计量经济的影响，因此，必须对空间权重矩阵进行改进。在本章中，基于充分考虑地理要素和非地理要素的空间邻接关系的原则，构建区域层面的空间权重矩阵。

在区域层面建立空间面板数据模型时，我们使用的空间权重矩阵结合了地理空间权重和经济空间权重。利用反比大圆距离法构造地理空间权重矩阵，用大圆距离的倒数来度量空间关系，计算公式如下：

$$W_{ij}^{GS} = \begin{cases} \dfrac{1}{d_{ij}^{\alpha}} & i \neq j \\ 0 & i = j \end{cases} \tag{7-8}$$

式中，$d_{ij}$ 是第 $i$ 个地理空间位置与第 $j$ 个地理空间位置之间的大圆距离，可以用经度和纬度来计算。GS（Gerchberg-Saxton）算法，是用于计算全息图的算法，通过离散化、最优化和迭代来求出相位图。

$\boldsymbol{W}^* = \boldsymbol{W} \times \boldsymbol{E}$ 是地理空间权重矩阵和经济权重矩阵的点积，表示包含经济发展的经济空间权重矩阵。其中，$\boldsymbol{W}^*$ 为经济空间权重矩阵；$\boldsymbol{W}$ 为地理空间权重矩阵；经济权重矩阵 $\boldsymbol{E}$ 中的元素如下：

$$E_{ij} = \begin{cases} \dfrac{1}{|\overline{G_i} - \overline{G_j}|^{\alpha} + m} & i \neq j \\ 0 & i = j \end{cases}, \quad \overline{G_i} = \frac{1}{5} \sum_{t=1997}^{2016} G_{it} \tag{7-9}$$

式中，$G_{it}$ 表示人均 GDP，是指第 $i$ 个地区第 $t$ 年的实际人均收入水平。

## 7.2.2 STIRPAT 空间面板数据模型的构建

考虑到碳排放强度空间格局演进的空间依赖性和异质性，在 STIRPAT 扩展模型的基础上建立以下三类空间面板数据模型：空间滞后面板数据模型（SLPDM）、空间误差面板数据模型（SEPDM）和空间杜宾面板数据模型（SDPDM）。

(1) 空间滞后面板数据模型设定为

$$\ln(\mathrm{CI}_{it}) = \delta \sum_{j=1}^{N} W_{ij} \ln(\mathrm{CI}_{it}) + \ln\alpha + \beta_1 \ln P_{it} + \beta_2 \ln(\mathrm{GDPPC}_{it}) +$$
$$\beta_3 \ln(\mathrm{EI}_{it}) + \beta_4 \ln(\mathrm{EP}_{it}) + \beta_5 \ln(\mathrm{IS}_{it}) + \beta_6 \ln(\mathrm{ECS}_{it}) +$$
$$\beta_7 \ln(\mathrm{UR}_{it}) + \beta_8 \ln(\mathrm{OPEN}_{it}) + \mu_i + \lambda_t + \ln e_{it}$$

$$\ln(\mathrm{CI}_{it}) = \delta \sum_{j=1}^{N} W_{ij} \ln(\mathrm{CI}_{it}) + \alpha + \beta_1 \ln P_{it} + \beta_2 \ln(\mathrm{GDPPC}_{it}) +$$
$$\beta_3 \ln(\mathrm{EI}_{it}) + \beta_4 \ln(\mathrm{EP}_{it}) + \beta_5 \ln(\mathrm{IS}_{it}) + \beta_6 \ln(\mathrm{ECS}_{it}) +$$
$$\beta_7 \ln(\mathrm{UR}_{it}) + \beta_8 \ln(\mathrm{OPEN}_{it}) + + \mu_i + \lambda_t + \varepsilon_{it} \qquad (7\text{-}10)$$

式中，$\ln(\mathrm{CI}_{it})$ 表示区域 $i$ 在 $t$ 时刻被解释变量碳排放强度的观测值；变量 $W_{ij}\ln(CI_{it})$ 表示被解释变量 $\ln(CI_{it})$ 与相邻单元的被解释变量 $\ln(CI_{it})$ 之间的空间相互作用；$\delta$ 是空间自回归系数；$a$ 为常数项；$\boldsymbol{\beta}$ 是固定的未知参数向量，反映解释变量对被解释变量的影响；$\ln(P_{it})$，$\ln(UR_{it})$，$\ln(IS_{it})$，$\ln(ECS_{it})$，$\ln(GDPPC_{it})$，$\ln(EI_{it})$，$\ln(EP_{it})$，$\ln(OPEN_{it})$ 是区域 $i$ 在 $t$ 时刻解释变量的观测值；$W_{ij}$ 是空间权重矩阵 $\boldsymbol{W}$ 的元素；$\mu_i$ 是空间特质效应；$\lambda_t$ 是时期特质效应；$\varepsilon_{it}$ 为均值为 0；$\sigma^2$ 为方差的独立同分布随机误差成分。

(2) 空间误差面板数据模型设定为

$$\ln(\mathrm{CI}_{it}) = \ln\alpha + \beta_1 \ln P_{it} + \beta_2 \ln(\mathrm{GDPPC}_{it}) + \beta_3 \ln(\mathrm{EI}_{it}) +$$
$$\beta_4 \ln(\mathrm{EP}_{it}) + \beta_5 \ln(\mathrm{IS}_{it}) + \beta_6 \ln(\mathrm{ECS}_{it}) + \beta_7 \ln(\mathrm{UR}_{it}) +$$
$$\beta_8 \ln(\mathrm{OPEN}_{it}) + \mu_i + \lambda_t + \ln e_{it} = \alpha + \beta_1 \ln P_{it} +$$
$$\beta_2 \ln(\mathrm{GDPPC}_{it}) + \beta_3 \ln(\mathrm{EI}_{it}) + \beta_4 \ln(\mathrm{EP}_{it}) + \beta_5 \ln(\mathrm{IS}_{it}) +$$
$$\beta_6 \ln(\mathrm{ECS}_{it}) + \beta_7 \ln(\mathrm{UR}_{it}) + \beta_8 \ln(\mathrm{OPEN}_{it}) + \mu_i + \lambda_t + \varphi_{it}\varphi_{it}$$
$$= \rho \sum_{j=1}^{N} W_{ij}\,\varphi_{it} + \varepsilon_{it} \qquad (7\text{-}11)$$

式中，$\ln(\mathrm{CI}_{it})$ 是区域 $i$ 在 $t$ 时刻被解释变量碳排放强度的观测值；$\ln P_{it}$，$\ln(UR_{it})$，$\ln(IS_{it})$，$\ln(ECS_{it})$，$\ln(GDPPC_{it})$，$\ln(EI_{it})$，$\ln(EP_{it})$，$\ln(OPEN_{it})$ 分别为区域 $i$ 在 $t$ 时刻解释变量的观测值 $\varphi_{it}$ 为空间误差自相关；$\mu_i$ 为空间特质效应；$\alpha$ 为常数项；$\boldsymbol{\beta}$ 为固定的未知参数向量；$\lambda_t$ 为时期特质

效应；方差为 $\sigma_2$ 的独立同分布随机误差成分；$\rho$ 为空间自相关系数；$\varepsilon_{it}$ 是均值为 0。

（3）空间杜宾面板数据模型设定为

$$
\begin{aligned}
\ln(\mathrm{CI}_{it}) = {} & \delta\sum_{j=1}^{N} W_{ij}\ln(\mathrm{CI}_{it}) + \ln\alpha + \beta_1\ln P_{it} + \beta_2\ln(\mathrm{GDPPC}_{it}) + \\
& \beta_3\ln(\mathrm{EI}_{it}) + \beta_4\ln(\mathrm{EP}_{it}) + \beta_5\ln(\mathrm{IS}_{it}) + \beta_6\ln(\mathrm{ECS}_{it}) + \\
& \beta_7\ln(\mathrm{UR}_{it}) + \beta_8\ln(\mathrm{OPEN}_{it}) + \theta_1\sum_{j=1}^{N} W_{ij}\ln P_{ijt} + \\
& \theta_2\sum_{j=1}^{N} W_{ij}\ln(\mathrm{GDPPC}_{ijt}) + \theta_3\sum_{j=1}^{N} W_{ij}\ln(\mathrm{EI}_{ijt}) + \\
& \theta_4\sum_{j=1}^{N} W_{ij}\ln(\mathrm{EP}_{ijt}) + \theta_5\sum_{j=1}^{N} W_{ij}\ln(\mathrm{IS}_{ijt}) + \\
& \theta_6\sum_{j=1}^{N} W_{ij}\ln(\mathrm{ECS}_{ijt}) + \theta_7\sum_{j=1}^{N} W_{ij}\ln(\mathrm{UR}_{ijt}) + \\
& \theta_8\sum_{j=1}^{N} W_{ij}\ln(\mathrm{OPEN}_{ijt}) + \mu_i + \lambda_t + \ln e_{it} = \delta\sum_{j=1}^{N} W_{ij}\ln(\mathrm{CI}_{it}) + \\
& \alpha + \beta_1\ln P_{it} + \beta_2\ln(\mathrm{GDPPC}_{it}) + \beta_3\ln(\mathrm{EI}_{it}) + \\
& \beta_4\ln(\mathrm{EP}_{it}) + \beta_5\ln(\mathrm{IS}_{it}) + \beta_6\ln(\mathrm{ECS}_{it}) + \beta_7\ln(\mathrm{UR}_{it}) + \\
& \beta_8\ln(\mathrm{OPEN}_{it}) + \theta_1\sum_{j=1}^{N} W_{ij}\ln P_{ijt} + \theta_2\sum_{j=1}^{N} W_{ij}\ln(\mathrm{GDPPC}_{ijt}) + \\
& \theta_3\sum_{j=1}^{N} W_{ij}\ln(\mathrm{EI}_{ijt}) + \theta_4\sum_{j=1}^{N} W_{ij}\ln(\mathrm{EP}_{ijt}) + \theta_5\sum_{j=1}^{N} W_{ij}\ln(\mathrm{IS}_{ijt}) + \\
& \theta_6\sum_{j=1}^{N} W_{ij}\ln(\mathrm{ECS}_{ijt}) + \theta_7\sum_{j=1}^{N} W_{ij}\ln(\mathrm{UR}_{ijt}) + \\
& \theta_8\sum_{j=1}^{N} W_{ij}\ln(\mathrm{OPEN}_{ijt}) + \mu_i + \lambda_t + \varepsilon_{it}
\end{aligned}
\tag{7-12}
$$

式中，$\ln(\mathrm{CI}_{it})$ 为区域 $i$ 在 $t$ 时刻被解释变量碳排放强度的观测值；$\ln P_{it}$，$\ln(\mathrm{UR}_{it})$，$\ln(\mathrm{IS}_{it})$，$\ln(\mathrm{ECS}_{it})$，$\ln(\mathrm{EP}_{it})$，$\ln(\mathrm{GDPPC}_{it})$，$\ln(\mathrm{EI}_{it})$，$\ln(\mathrm{OPEN}_{it})$ 分别为区域 $i$ 在 $t$ 时刻解释变量的观测值；$\alpha$ 为常数项；$\boldsymbol{\theta}$ 与 $\boldsymbol{\beta}$ 类似，均为固定的 $K\times 1$ 维未知参数向量；$\mu_i$ 为空间特质效应；$\lambda_t$ 为时期特质效应。空间杜宾面板数据模型围绕零假设展开，$H_0$：$\boldsymbol{\theta}=0$ 和 $\boldsymbol{\theta}+\delta\boldsymbol{\beta}=0$，

如果空间杜宾面板数据模型的两个空假设都被拒绝，则能够最好地描述数据。

### 7.2.3 分位数回归模型的设定

分位数回归方法（Koenkel 和 Pxassett，1978）是计量经济学研究的前沿方向之一，能够对碳排放强度驱动因素的条件分布做出详细描述，而且不需要很强的分布假设[187,188]。通过加权误差最小绝对值的方法，能够得到碳排放强度的分位数回归参数估计结果。同时，分位数回归估计过程具有较强的稳定性，不受异常值波动的影响。此外，采用分位数回归方法得到的结果能够与不同时空跃迁的类型之间进行深度嵌套，而嵌套的结果可以很好地揭示各驱动因素对不同区域碳排放强度时空演进的作用机制[164]。假设随机变量 $Y$ 的概率分布为

$$F(y) = \text{Prob}(Y < y) \tag{7-13}$$

$Y$ 的 $\tau$ 分位数定义为满足 $F(y) \geqslant \tau$ 的最小 $y$ 值，即

$$q(\tau) = \inf\{y : F(y) \geqslant \tau\}, 0 < \tau < 1 \tag{7-14}$$

通过加权误差绝对值最小化 $\xi$ 的目标函数计算得到 $F(y)$ 的 $\tau$ 分位数 $q(\tau)$ 为

$$q(\tau) = \text{argmin}_{\xi}\{\tau \int_{y>\xi} |y-\xi| \, \mathrm{d}F(y) + (1-\tau) \int_{y<\xi} |y-\xi \mathrm{d}F(y)|\}$$
$$= \text{argmin}_{\xi}\{\int \rho_{\tau}(y-\xi) \mathrm{d}F(y)\} \tag{7-15}$$

式中，$\text{argmin}_{\xi}\{\}$ 函数表示使得泛函数取得最小值时 $\xi$ 的取值。

## 7.3 中国碳排放强度影响因素溢出性分析

### 7.3.1 中国碳排放强度影响因素的溢出性检验

需要判断 SLPDM，SEPDM 和 SDPDM 三个面板数据模型中哪个模型能更好地检验中国碳排放强度的数据变动。为了更全面地反映空间效应，本书首先对中国碳排放强度及其影响因素的空间固定效应、时间固定效应、

时空双固定效应及无固定效应这四类传统面板数据模型进行 LM 检验，结果如表 7-2 所示。四种类型空间效应模型均通过 0.05 的显著性水平的空间滞后 LM 检验，其中时空双固定效应模型的空间误差 LM 检验结果最为显著。进一步对 SLPDM 和 SEPDM 的稳健性进行 LM 检验，结果显示拒绝非空间性的判断。时空双固定效应的 LR 检验结果也表明拒绝无时间固定效应及无空间固定效应的原假设，因此，LR 检验结果显示时空双固定效应模型能够更加准确地刻画中国碳排放强度影响因素的时空溢出性。

表 7-2　空间滞后模型与空间误差模型的 LM 检验结果

| 检验统计量 | 面板 OLS | 空间固定效应 | 时间固定效应 | 时空固定效应 |
|---|---|---|---|---|
| $\sigma^2$ | 0.006 9 | 0.000 4 | 0.006 8 | 0.000 3 |
| $R^2$ | 0.894 2 | 0.801 3 | 0.893 2 | 0.349 2 |
| 调整的 $R^2$ | 0.888 2 | 0.791 5 | 0.887 9 | 0.317 1 |
| Durbin-Watson | 2.031 2 | 1.870 4 | 2.066 1 | 1.977 6 |
| 似然函数值 | 164.688 0 | 382.553 8 | 165.567 9 | 390.113 8 |
| LM Spatial Lag | 12.366 4<br>(0.000) | 4.806 9<br>(0.028) | 11.821 9<br>(0.001) | 10.623 9<br>(0.001) |
| 稳健的 LM Spatial Lag | 12.620 2<br>(0.000) | 1.475 4<br>(0.224) | 11.280 4<br>(0.001) | 1.199 1<br>(0.274) |
| LM Spatial Lag | 1.114 5<br>(0.291) | 3.438 7<br>(0.064) | 1.397 5<br>(0.237) | 9.536 4<br>(0.002) |
| 稳健的 LM Spatial Lag | 1.368 4<br>(0.242) | 0.107 2<br>(0.743) | 0.856 1<br>(0.355) | 0.111 6<br>(0.738) |
| 联合显著性检验 | 固定效应 | 统计量 | 自由度 | $P$ 值 |
| 似然比（LR） | 空间固定 | 449.091 8 | 30.000 0 | 0.000 0 |
|  | 时间固定 | 15.120 0 | 5.000 0 | 0.009 9 |

基于 LM 检验结果，显示拒绝非空间模型时就应该慎重选择 SLPDM 或 SEPDM，进一步考虑包括 SLPDM 和 SEPDM 的空间杜宾面板数据模型（SDPDM），对 SDPDM 进行 Wald 检验和 LR 检验，从而判断空间杜宾面板数据模型是否可简化为 SLPDM 或 SEPDM。根据以上 LM 检验的结果，本书首先选择建立时空双固定效应的 SDPDM 进行检验。SDPDM 将围绕零假

设 $H_0$：$\boldsymbol{\theta}=0$ 及 $H_0$：$\boldsymbol{\theta}+\delta\boldsymbol{\beta}=0$ 进一步展开讨论。如果以上两个零假设均被拒绝，那么说明 SDPDM 将能够最好地描述碳排放强度的数据变动。根据 Wald 和 LR 检验结果可以发现，两个零假设均被拒绝，由此判断 SLPDM 或 SEPDM 两个模型均被拒绝，因此，选择 SDPDM 能更加准确地刻画中国碳排放强度及其影响因素的溢出效应。进一步采用 Hausman 检验方法判断，结果显示应该选择反映空间随机效应及时间固定效应的 SDPDM 模型，具体检验结果如表 7-3 所示。研究显示，中国碳排放强度影响因素存在着较强的时空外溢效应，这表明传统的面板数据模型没有考虑到空间效应问题，其结果将存在一定的偏差。

表 7-3　空间杜宾面板数据模型估计结果

| 变量 | 空间杜宾面板数据模型 |
|---|---|
| $\boldsymbol{W} * \ln(\text{CI})$ | 0.222 0***<br>（−2.677 8） |
| $\ln P$ | −0.110 5**<br>（−2.218 3） |
| $\ln(\text{UR})$ | −0.481 9**<br>（−2.189 9） |
| $\ln(\text{EI})$ | 1.264 6***<br>（11.323 6） |
| $\ln(\text{IS})$ | 0.409 3***<br>（4.491 3） |
| $\ln(\text{GDPPC})$ | 0.059 3**<br>（0.533 2） |
| $\ln(\text{ECS})$ | 0.089 0<br>（1.151 2） |
| $\ln(\text{EP})$ | −0.039 3<br>（−0.333 2） |
| $\ln(\text{OPEN})$ | −0.003 5<br>（−0.183 1） |
| $\boldsymbol{W} * \ln P$ | 0.261 7***<br>（3.679 0） |
| $\boldsymbol{W} * \ln(\text{UR})$ | 1.494 8***<br>（4.850 8） |

续表

| 变量 | 空间杜宾面板数据模型 |
|---|---|
| $\boldsymbol{W} * \ln(\text{EI})$ | $-0.247\,4$<br>$(-1.204\,3)$ |
| $\boldsymbol{W} * \log(\text{IS})$ | $-0.887\,7$<br>$(6.043\,5)$ |
| $\boldsymbol{W} * \ln(\text{GDPPC})$ | $0.677\,0^{***}$<br>$(-4.057\,4)$ |
| $\boldsymbol{W} * \ln(\text{ECS})$ | $-0.265\,1^{**}$<br>$(-2.060\,1)$ |
| $\boldsymbol{W} * \ln(\text{EP})$ | $0.084\,90$<br>$(0.393\,2)$ |
| $\boldsymbol{W} * \ln(\text{OPEN})$ | $-0.057\,7^{**}$<br>$(-2.261\,5)$ |
| teta | $0.126\,6^{***}$ |
| $\sigma^2$ | $(5.503\,4)$ |
| $R^2$ | $0.000\,30$ |
| 调整的 $R^2$ | $0.995\,10$ |
| Durbin-Watson 检验 | $0.928\,20$ |
| 似然函数值 | $333.611\,3$ |
| Wald test spatial Lag | $65.003\,3$<br>$(0.000)$ |
| LR test spatial Lag | NA |
| Wald test spatial error | $63.725\,7$<br>$(0.000)$ |
| LR test spatial error | NA |
| Hausman 检验 | $P$ 值<br>$1.000\,0$ |

　　注：＊表示 10％的显著性水平，＊＊表示 5％的显著性水平，＊＊＊表示 1％的显著性水平。

　　分析以碳排放强度的自然对数 $\ln(\text{CI})$ 为被解释变量的杜宾模型，揭示各驱动因素对碳排放强度的作用效果。研究结果表明，人口规模 $\ln P$ 和城镇化水平 $\ln(\text{UR})$ 的估计系数为负，通过 5％的显著性水平检验，说明人口总量的增加及城镇化进程的进一步加快，对碳排放强度变动产生了抑制作用。能源强度 ln(EI) 和产业结构 ln(IS) 估计系数为正，通过 1% 的显著性水平检验，说明在重工业比重增加、产业结构不合理的情况下，如果地区能源效率水平不能得到有效提升，将导致碳排放强度增加。人均收入水平 ln(GDPPC) 估计系数为正，通过 5% 的显著性水平检验，说明人均收入水平是碳排放强度变动的主要因素。能源消费结构 ln(ECS) 估计系数为正，但是并不显著，说明能源消费结构对碳排放强度变动产生促进作用。能源价格 ln(EP) 与对外开放水平 ln(OPEN) 估计系数为负，但是并不显著，说明能源价格的调整和对外开放水平的扩大有助于推动碳排放强度的下降，虽然影响作用有限，但是意义重大。

进一步分析以碳排放强度（CI）的自然对数为被解释变量和以各个影响因素为解释变量的空间滞后项，结果显示各个影响因素产生的空间溢出性存在着较大差异。空间滞后人口规模 $W * \ln P$、空间滞后城镇化水平 $W * \ln(UR)$ 与空间滞后人均收入水平 $W * \ln(GDPPC)$ 自然对数估计系数显著为正，说明人口规模与城镇化水平的上升将引致相邻区域碳排放强度的上升，产生碳排放空间外溢效应。空间滞后能源强度 $W * \ln(EI)$ 和空间滞后产业结构 $W * \ln(IS)$ 估计系数为负，但均不显著，说明技术进步与产业结构转型升级将推动邻近区域碳排放强度下降，产生碳排放空间外溢效应，但是效果并不显著。能源价格（EP）估计系数为正，但均不显著，说明能源价格的调整将促使邻近区域碳排放强度上升，但是产生的碳排放强度空间外溢效应并不显著。空间滞后能源消费结构 $W * \ln(ECS)$ 和空间滞后对外开放水平 $W * \ln(OPEN)$ 估计系数为负，通过 5% 的显著性水平检验，说明对外开放水平的扩大与能源消费结构的调整有助于驱动邻近区域碳排放强度的下降，影响因素产生的碳排放强度呈现比较显著的空间外溢效应。中国在经济全球化及区域经济一体化的背景下，对沿海、沿江地区加大对外开放的力度，同时加快中西部地区对外开放的步伐，为中国经济发展向低碳转型奠定了坚实的基础。

### 7.3.2 中国碳排放强度影响因素的分位数回归检验

根据中国碳排放强度影响因素的分位数回归结果，可划分出高分位响应阶段（0.1～0.5）与低分位响应阶段（0.6～0.9），在此基础上，根据不同分位点上各驱动因素系数的正负值，进一步划分出低分位驱动、高分位驱动、低分位制约和高分位制约这四种碳排放强度驱动因素的分位数响应类型，如表 7-4 所示。城镇化水平（UR）和人口规模（P）对中国碳排放强度的影响存在临界效应，并且在高分位响应阶段对碳排放强度变动产生显著的制约作用；能源强度（EI）、产业结构（IS）和人均收入水平（GDPPC）在低分位响应阶段对碳排放强度变动产生显著的促进作用；能源消费结构（ECS）在高分位响应阶段对碳排放强度变动产生显著的促进作用；对外开放水平（OPEN）和能源价格（EP）在低分位响应阶段对碳排放强度变动产生显著的制约作用。

表 7-4　碳排放强度驱动因素的分位数回归结果

| 分位数回归 | 截距项 | $\ln P$ | $\ln(\text{UR})$ | $\ln(\text{EI})$ | $\ln(\text{IS})$ |
|---|---|---|---|---|---|
| 0.1 | −0.058 | 0.016 | 0.006* | 0.093** | 0.236*** |
| 0.2 | 0.016 | 0.027 | 0.003 | 0.132*** | 0.361*** |
| 0.3 | −0.018 | 0.021 | 0.008 | 0.128*** | 0.398*** |
| 0.4 | −0.020 | 0.006*** | 0.07** | 0.135*** | 0.507*** |
| 0.5 | 0.004 | −0.013** | −0.018*** | 0.157* | 0.619** |
| 0.6 | 0.008*** | −0.042** | −0.021 | 0.297* | 1.208 |
| 0.7 | 0.012*** | −0.035*** | −0.021 | 0.283** | 1.273* |
| 0.8 | 0.013*** | −0.038*** | −0.016** | 0.305 | 1.415 |
| 0.9 | 0.015** | −0.057*** | −0.028*** | 0.312* | 1.587* |

| 分位数回归 | $\ln(\text{GDPPC})$ | $\ln(\text{ECS})$ | $\ln(\text{EP})$ | $\ln(\text{OPEN})$ |
|---|---|---|---|---|
| 0.1 | 0.046*** | −0.086* | −0.103*** | −0.007*** |
| 0.2 | 0.023*** | −0.126* | −0.152** | −0.021*** |
| 0.3 | 0.018*** | −0.152 | −0.168** | −0.028*** |
| 0.4 | 0.009** | −0.163* | −0.172*** | −0.016** |
| 0.5 | 0.012* | −0.183*** | −0.196*** | −0.032* |
| 0.6 | 0.082 | 1.016** | 0.213* | −0.375* |
| 0.7 | 0.068* | 1.213*** | 0.182 | −0.316 |
| 0.8 | 0.035 | 1.192*** | 0.265 | −0.163* |
| 0.9 | 0.028* | 1.208*** | 0.237* | −0.215 |

注：＊＊＊，＊＊，＊分别为统计量在 1％，5％，10％水平显著。

## 7.4 本章小结

中国碳排放强度时空差异及空间格局的形成与演变，是各地区资源禀赋、经济发展水平及技术进步程度等多种因素协同作用的结果。考虑到碳排放强度空间格局演进的空间依赖性和异质性，采用空间面板数据模型与分位数回归方法，检验中国碳排放强度影响因素的时空溢出效应。研究发现，人口规模（P）、城镇化水平（UR）、人均收入水平（GDPPC）、能源强度（EI）、能源消费结构（ECS）、能源价格（EP）、产业结构（IS）、对外开放水平（OPEN）等碳排放强度影响因素的变动不仅会对本地区的碳排放强度变动产生影响，而且会通过影响因素的空间传导机制影响到周边地区碳排放强度的变动。因此，中国碳排放强度的影响因素存在着时空溢出效应，同时各驱动因素对各省区市碳排放强度变动的影响存在阶段性特征。由此可见，为了实现中国在哥本哈根会议上承诺的国际承诺减排目标（到2020 年实现单位 GDP 碳排放量比 2005 年降低 40％～50％），中央及地方政府需要明晰主要影响因素对中国碳排放强度时空演进的作用机理和空间传导机制，充分发挥空间溢出效应，因地制宜制定碳减排政策。

# 第 8 章　中国碳排放强度的驱动机制研究

多维因素的协同作用将有助于缩小中国各省区碳排放强度的差异,进而推动中国碳排放强度收敛于同一稳态。鉴于此,在对中国碳排放强度时空演进影响因素识别及其时空溢出性进行分析的基础上,本章通过构建各驱动因素的分位响应类型与碳排放强度时空跃迁类型的嵌套矩阵,明晰中国碳排放强度时空跃迁与各驱动因素之间的耦合作用关系,进一步提出区域碳排放强度减排的政策组合体系与实施方法。

## 8.1　中国碳排放强度的时空跃迁矩阵分析

### 8.1.1　中国碳排放强度的集聚与分异

采用局部空间统计方法,运用空间计量软件 Geoda095i 绘制 1997 年和 2016 年的中国碳排放强度的局域莫兰散点图,如图 8-1 所示。研究显示,Moran's I 指数从 1997 年的 0.187 9 上升到 2016 年的 0.224 1,说明 20 年间中国各省区市碳排放强度的相关性不断增强。经过进一步分析发现:1997 年,第一象限有 9 个省区市,第二象限有 9 个省区市,第三象限有 11 个省区市,第四象限只有 1 个省区市。其中,20 个省区市分布在第一象限和第三象限的碳排放强度集聚区,10 个省区市分布在第一象限和第三象限的碳排放强度分异区。2016 年,第一象限有 6 个省区市,第二象限有 5 个省区市,第三象限有 15 个省区市,第四象限有 4 个省区市。其中,21 个省区市分布在第一象限和第三象限的碳排放强度集聚区,9 个省区市分布在第一象限和第三象限的碳排放强度分异区。大多数省区市都落在第一象限及第三象限内且具有较强稳健性,说明各省区市碳排放强度与相邻地区碳排放强度呈正相关关系。这些省区市与相邻接的地区体现出相似（同高或同低水平）的特征值，证明各省区市的碳排放强度在空间上存在较为显著的相互依赖性，有空间集聚趋势。经纵向比较还发现，分布在第三象限属于 L-L 型的省区市数量远远高于分布在第一象限属于 H-H 型的省区市数量，说明中国碳排放强度的低值集聚比高值集聚特征更加显著，中国各省区市碳排放强度总体呈现下降趋势。同时，一部分省区市落在第二象限与第四象限，个别省区市差异较大，说明部分省区市存在不相似的空间关联，具有空间的差异性。

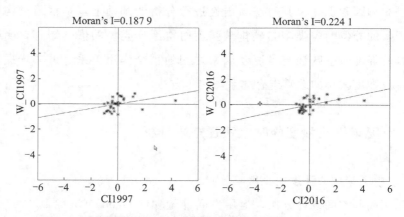

图 8-1　中国碳排放强度空间分布的莫兰散点图（1997，2016）

### 8.1.2　中国碳排放强度的时空格局

将莫兰散点图中各象限内点的对应省区市进行分类统计，得到中国 30 个省区市中 1997 年和 2016 年碳排放强度空间集聚与分异对应的省区市。接下来分四种情况讨论，如表 8-1 所示。

表 8-1　局部 Moran's I 指数位于不同象限的省区市（1997，2016）

| 年份 | 第一象限（H-H 型） | 第二象限（L-H 型） | 第三象限（L-L 型） | 第四象限（H-L 型） |
|---|---|---|---|---|
| 1997 | 甘肃、山西、内蒙古、河北、陕西、新疆、吉林、辽宁、宁夏 | 河南、天津、四川、重庆、云南、黑龙江、北京、青海、广西 | 浙江、上海、江西、广东、山东、湖南、江苏、安徽、湖北、福建、海南 | 贵州 |

续表

| 年份 | 第一象限（H-H 型） | 第二象限（L-H 型） | 第三象限（L-L 型） | 第四象限（H-L 型） |
|---|---|---|---|---|
| 2016 | 新疆、河北、甘肃、辽宁、内蒙古、山西 | 北京、陕西、吉林、黑龙江、河南 | 湖南、上海、浙江、江西、福建、江苏、重庆、广西、天津、安徽、四川、山东、广东、湖北、海南 | 青海、云南、宁夏、贵州 |

注：海南（一，0）设置在第三象限。

高-高集聚区（H-H 型）的变动状况如下：1997 年分布在第一象限（H-H 型）的 9 个省区市分别为内蒙古、新疆、吉林、辽宁、甘肃、河北、山西、陕西、宁夏；2016 年分布在第一象限（H-H 型）的 6 个省区市分别为内蒙古、新疆、辽宁、甘肃、河北、山西。这表明中国碳排放强度的高-高（H-H 型）集聚区域主要分布在西北地区，该地区的碳排放强度高于其相邻地区的碳排放强度，呈现出高碳排放强度的空间集聚。从演进趋势来看，中国碳排放强度高-高集聚区的范围呈现出缩小的趋势，省区市数目从 1997 年的 9 个减少到 2016 年的 6 个。

低-高分异区（L-H 型）的变动状况如下：1997 年分布在第二象限（L-H 型）的 9 个省区市分别为黑龙江、北京、天津、青海、河南、四川、重庆、云南、广西；2016 年分布在第二象限（L-H 型）的 5 个省区市分别为黑龙江、吉林、北京、陕西、河南。这表明中国碳排放强度低-高（L-H 型）分异区主要分布在中国的西南和西北地区，该地区碳排放强度高于东部各省区市，是向第一象限（H-H 型）集聚或第三象限（L-L 型）集聚的"被扩散"区域，并且呈现出"极化效应"。该集聚区内的省区市数目呈现下降趋势，省区市数目从 1997 年的 9 个减少到 2016 年的 5 个。

低-低集聚区（L-L 型）的变动状况如下：1997 年分布在第三象限（L-L 型）的 11 个省区市分别为上海、浙江、湖南、江西、山东、江苏、安徽、湖北、福建、广东、海南；2016 年分布在第三象限（L-L 型）的 15 个省区市分别为上海、浙江、湖南、江西、福建、广西、广东、天津、山东、江苏、安徽、四川、湖北、重庆、海南。这表明中国碳排放强度的低-低

（L-L 型）集聚区主要分布在中国的上海、浙江、湖南、江西、福建、广东、山东、江苏、安徽、湖北、海南等东部和南部地区，该地区碳排放强度低于其相邻地区的碳排放强度，呈现出低碳排放强度的空间集聚区，该集聚区对其周边省区市碳排放强度的下降产生扩散效应。从演进趋势来看，中国低-低（L-L 型）集聚区的范围呈现出扩大的趋势，省区市数目从 1997 年的 11 个增加到 2016 年的 15 个。

高-低分异区（H-L 型）的变动状况如下：1997 年分布在第四象限（H-L 型）的 1 个省区市为贵州；2016 年分布在第四象限（H-L 型）的 4 个省区市分别为宁夏、青海、云南、贵州。这表明中国碳排放强度的高-低（H-L 型）集聚区主要为贵州省，该地区的碳排放强度显著高于其相邻近省区市的碳排放强度，主要分布在"被扩散"省区市的周围，其受到低碳排放强度地区扩散的影响小，因此该地区一直属于高碳排放强度的稳定区域。从演进趋势来看，中国高-低（H-L 型）分异区的范围呈现出扩大的趋势，该集聚区内省区市数目从 1997 年的 1 个增加到 2016 年的 4 个。

### 8.1.3　中国碳排放强度的时空跃迁

根据不同时期各空间分异类型所包含省区市数量的变动情况，进一步揭示各省区市碳排放强度时空演进的规律，如表 8-2 所示。第一种（Ⅰ型）时空跃迁的形式表现为所观测的本省区市随着时间的变动向相邻象限转移的变动情况（即仅本省区市自身发生跃迁），主要跃迁形式及包含的省区市为 H-H→L-H（吉林、陕西）。第二种（Ⅱ型）时空跃迁的形式表现为所观测的本省区市随着时间的变动向不相邻象限转移的变动情况（即仅本省区市的相邻省区市发生跃迁），主要跃迁形式及包含的省区市为 H-H→H-L（宁夏）、L-H→L-L（四川、重庆、天津、广西）。第三种（Ⅲ型）时空跃迁的形式表现为所观测的本省区市随着时间的变动，其所属本象限省区市未发生明显变化，本省区市的碳排放强度水平比较低，其相邻近省区市的碳排放强度水平比较高；或者本省区市的碳排放强度水平比较高，其相邻近省区市的碳排放强度水平比较低，两个省区市碳排放强度存在着非常明显的区域差异（即本省区市自身及其相邻省区市均发生跃迁），主要跃迁形式表现为 L-H→H-L（青海、云南）。第四种（Ⅳ型）时空跃迁的形式表现为所观测的本省区市随着时间的变动，其所属象限一直保持不变，本省区市和相邻省区市的碳排放强度水平均比较高或两者碳排放强度均比较低，两个省区市的碳排放强度没有明显的空间分布差异（即本省区市自身与相邻省区市均保持稳定），主要跃迁形式表现为 L-H→L-H（北京、黑龙江、河南）、H-L→H-L（贵州），H-H→H-H（新疆、河北、甘肃、辽宁、内蒙古、山西）所包含的省区市主要为资源型省区市及东北的老工业基地，低碳转型的压力一直很大，同时，跃迁形式表现为 L-L→L-L 的省区市（上海、湖北、福建、浙江、广东、山东、湖南、安徽、江西、江苏、海南）主要为经济发达、能源利用效率比较高的地区，碳排放强度较低。

表 8-2  各省区市碳排放强度的时空跃迁矩阵（1997，2016 年）

| 空间关联模式 | $HH_{t+1}$ | $LH_{t+1}$ | $LL_{t+1}$ | $HL_{t+1}$ |
|---|---|---|---|---|
| $HH_t$ | Ⅳ型时空跃迁（甘肃、辽宁、河北、内蒙古、新疆、山西） | Ⅰ型时空跃迁（吉林、陕西） | Ⅲ型时空跃迁 | Ⅱ型时空跃迁（宁夏） |
| $LH_t$ | Ⅰ型时空跃迁 | Ⅳ型时空跃迁（北京、黑龙江、河南） | Ⅱ型时空跃迁（四川、重庆、天津、广西） | Ⅲ型时空跃迁（青海、云南） |
| $LL_t$ | Ⅲ型时空跃迁 | Ⅱ型时空跃迁 | Ⅳ型时空跃迁（上海、浙江、湖南、江西、福建、山东、江苏、安徽、湖北、广东、海南） | Ⅰ型时空跃迁 |
| $HL_t$ | Ⅱ型时空跃迁 | Ⅲ型时空跃迁 | Ⅰ型时空跃迁 | Ⅳ型时空跃迁（贵州） |

显然，如果属于第三种（即本省区市自身及其相邻省区市均发生跃迁）和第四种（即本省区市自身与相邻省区市均保持稳定）时空跃迁形式的观测省区数较多，而属于第一种（即仅本省区市自身发生跃迁）、第二种（即仅本省区市的相邻省区市发生跃迁）时空跃迁形式的观测省区市数量较小，

则说明中国碳排放强度的时空演进过程中具有较大程度的高碳排放强度或者低碳排放强度的稳定性。在 20 年期间，时空跃迁矩阵主对角线上的省区市均为第四种（即本省区市自身与相邻省区市均保持稳定）时空跃迁形式的省区市；而属于第三种（即本省区市自身及其相邻省区市均发生跃迁）和第四种（即本省区市自身与相邻省区市均保持稳定）时空跃迁形式的观测省区市共有 21 个，其中属于高碳排放强度省区市的有 7 个，属于低碳排放强度省区市的 14 个，约占观测省区市总数的 70％。这一结果进一步表明，中国碳排放强度的空间集聚趋势在不断增强，而且时空演进过程中存在着高度的稳定性。中国碳排放强度减排的政策应该重点关注具有高碳排放强度空间锁定的甘肃、河北、山西、内蒙古、新疆、辽宁、贵州 7 个省区市。此外，有 9 个省区市属于第一种（即仅本省区市自身发生跃迁）、第二种（即仅本省区市的相邻省区市发生跃迁）时空跃迁形式，约占观测省区市总数的 30％，因此，中国碳排放强度减排的政策也需要关注存在着时空跃迁特点的陕西、吉林、宁夏、天津、四川、重庆、广西、青海、云南等省区市。由此可见，要实现中国碳排放强度下降的减排目标，就需要进一步加强对各省区市碳排放强度及与其相邻省区市碳排放强度空间格局的动态监测及有效治理。

## 8.2　中国碳排放强度的耦合驱动机制分析

中国碳排放强度影响因素的时空溢出性及各影响因素分位数回归结果能够很好地解释各因素对中国碳排放强度时空演进不同响应阶段的作用；同时，各个驱动因素的分位数回归结果与中国碳排放强度时空跃迁类型之间存在着很强的嵌套性[164]。因此，要探寻更加有效的区域碳排放强度减排政策，就需要进一步分析中国碳排放强度时空演进的多维因素耦合驱动机制。中国碳排放强度时空跃迁与分位数回归的嵌套结果如表 8-3 所示。

**表 8-3　时空跃迁与分位数回归的嵌套结果（1997，2016）**

| 分位响应类型 | 对应解释的跃迁类型 | 驱动类型 | 跃迁的省区市 |
|---|---|---|---|
| 低分位制约 | 自身低状态不变（$LH_t \rightarrow LL_{t+1}$，$LH_t \rightarrow LH_{t+1}$，$LL_t \rightarrow LL_{t+1}$，$LL_t \rightarrow LH_{t+1}$） | 同向制约（$LH_t \rightarrow LH_{t+1}$，$LL_t \rightarrow LL_{t+1}$） | LH→LH（黑龙江、北京、河南）、LL→LL（上海、浙江、湖南、江西、福建、山东、江苏、安徽、湖北、广东、海南） |
| | | 反向驱动（$LH_t \rightarrow LL_{t+1}$，$LL_t \rightarrow LH_{t+1}$） | LH→LL（四川、重庆、天津、广西）、LL→LH（0 个省区市） |
| 低分位驱动 | 自低向高状态跃迁（$LH_t \rightarrow HL_{t+1}$，$LH_t \rightarrow HH_{t+1}$，$LL_t \rightarrow HL_{t+1}$，$LL_t \rightarrow HH_{t+1}$） | 同向制约（$LH_t \rightarrow HH_{t+1}$，$LL_t \rightarrow HL_{t+1}$） | LH→HH（0 个省区市）、LL→HL（0 个省区市） |
| | | 反向驱动（$LH_t \rightarrow HL_{t+1}$，$LL_t \rightarrow HH_{t+1}$） | LH→HL（青海、云南）、LL→HH（0 个省区市） |
| 高分位制约 | 自身高状态不变（$HL_t \rightarrow HL_{t+1}$，$HL_t \rightarrow HH_{t+1}$，$HH_t \rightarrow HL_{t+1}$，$HH_t \rightarrow HH_{t+1}$） | 同向制约（$HH_t \rightarrow HH_{t+1}$，$HL_t \rightarrow HL_{t+1}$） | HH→HH（甘肃、河北、内蒙古、新疆、辽宁、山西）、HL→HL（贵州） |
| | | 反向驱动（$HH_t \rightarrow HL_{t+1}$、$HL_t \rightarrow HH_{t+1}$） | HH→HL（宁夏）、HL→HH（0 个省区市） |
| 高分位驱动 | 自高向低状态跃迁（$HL_t \rightarrow LL_{t+1}$，$HL_t \rightarrow LH_{t+1}$，$HH_t \rightarrow LL_{t+1}$，$HH_t \rightarrow LH_{t+1}$） | 同向制约（$HH_t \rightarrow LH_{t+1}$，$HL_t \rightarrow LL_{t+1}$） | HH→LH（陕西、吉林）、HL→LL（0 个省区市） |
| | | 反向驱动（$HH_t \rightarrow LL_{t+1}$，$HL_t \rightarrow LH_{t+1}$） | HH→LL（0 个省区市）、HL→LH（0 个省区市） |

中国碳排放强度时空跃迁类型与各驱动因素不同分位阶段的分位数回归结果，如图 8-2 和图 8-3 所示。

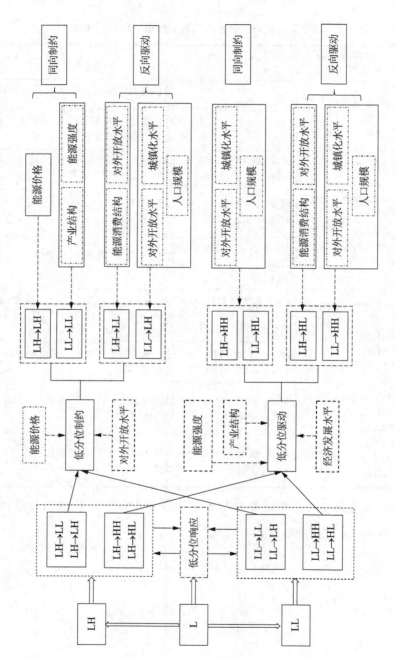

图 8-2 时空跃迁类型与低分位数回归模型的嵌套

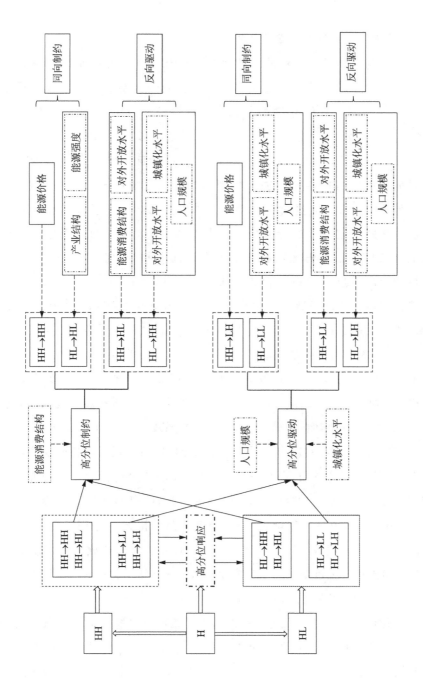

图 8-3 时空跃迁类型与高分位数回归模型的嵌套

### 8.2.1　低碳排放强度地区的稳定机制

在低分位制约模式中，对外开放水平（OPEN）与能源价格（EP）是本地区碳排放强度时空跃迁的重要制约因素。低分位制约模式本地区通过调整能源价格及扩大对外开放等方式，促进北京、河南、黑龙江（LH→LH）和上海、浙江、湖南、江西、山东、江苏、安徽、湖北、福建、广东、海南(LL→LL)、四川、重庆、天津、广西（LH→LL）等地区保持自身低碳排放强度状态的稳定，进一步制约当地向高碳排放强度状态跃迁。同时，在低分位阶段，通过对各驱动要素的时空溢出效应及其对相邻省区市碳排放强度的稳定作用进行分析，发现能源价格对黑龙江、北京、河南等相邻的高碳排放强度省区市状态稳定产生同向制约（LH→LH）作用。产业结构和能源强度对上海、湖北、浙江、福建、湖南、广东、江西、山东、江苏、安徽、海南等相邻的低碳排放强度省区市状态稳定产生同向制约（LL→LL）作用。

### 8.2.2　低碳排放强度地区的变动机制

在低分位驱动模式中，经济发展水平（GDPPC）、产业结构（IS）和能源强度（EI）是驱动青海和云南（LH→HL）等省区市向高碳排放强度跃迁的显著因素，其中产业结构影响最明显，而能源强度（EI）和经济发展水平（GDPPC）产生的影响相对较小。同时，在低分位阶段，通过对各驱动要素的时空溢出效应及其对相邻省区市碳排放强度的变动作用进行分析，发现能源消费结构和对外开放水平对四川、重庆、天津、广西（LH→LL）及青海、云南（LH→HL）等相邻的高碳排放强度省区市向低碳排放强度跃迁产生反向驱动作用。此外，人口规模（P）、城镇化水平（UR）、对外开放水平（OPEN）对相邻省区市碳排放强度跃迁产生反向驱动（LL→LH，LL→HH）作用。

### 8.2.3　高碳排放强度地区的锁定机制

在高分位制约模式中，能源消费结构（ECS）对本地区碳排放强度跃迁产生阻碍性作用，此模式下当地能源消费结构制约辽宁、甘肃、河北、内蒙古、新疆、山西（HH→HH）、贵州（HL→HL）和宁夏（HH→HL）等省区市向低碳排放强度跃迁。同时，在高分位阶段，通过对各驱动要素的时空溢出效应及其对相邻省区市碳排放强度的锁定作用进行分析,并结合各驱动要素的空间溢出效应及其对相邻省区市碳排放强度跃迁的作用机制,发现能源价格(EP)对辽宁、甘肃、河北、内蒙古、新疆、山西相邻近的高碳排放强度省区市向低碳排放强度水平状态跃迁产生同向制约作用(HH→HH)。能源价格(EP)对陕西、吉林等相邻近的高碳排放强度省区市状态稳定产生同向制约作用(HH→LH)。能源强度(EI)、产业结构(IS)对贵州相邻近的低碳排放强度省区市状态稳定产生同向制约作用(HL→HL)。人口规模(P)、城镇化水平(UR)、对外开放水平(OPEN)对其相邻省区市碳排放强度跃迁产生同向制约($HL_t$→$LL_{t+1}$)作用。

### 8.2.4  高碳排放强度地区的跃迁机制

在高分位驱动模式中,人口规模(P)和城镇化水平(UR)促进陕西、吉林(HH→LH)等地区向低碳排放强度状态跃迁,同时,城镇化水平(UR)对陕西和吉林本地区碳排放强度下降的影响具有"临界效应",即当城镇化水平发展到一定临界水平时,将显著地促进陕西和吉林碳排放强度时空格局的变动,进而实现中国碳排放强度的下降。同时,在高分位阶段,通过对各驱动要素的时空溢出效应及对其相邻省区市碳排放强度的跃迁作用进行分析,得出能源消费结构(ECS)和对外开放水平(OPEN)对宁夏相邻近的高碳排放强度省区市向低碳排放水平跃迁产生反向驱动作用($HH_t$→$LL_{t+1}$)。

## 8.3  中国碳排放强度的协同减排机制分析

### 8.3.1  促进低碳排放强度地区的稳定

对于保持低碳排放强度稳定的广西、天津、四川、黑龙江、重庆、北京、河南等 18 个省区市,减排措施如下:

① 能源价格和对外开放水平对天津、四川、重庆、广西保持低碳排放强度稳定产生制约作用。能源消费结构和对外开放水平对四川、重庆、天津、广西相邻省区市从高碳排放强度向低碳排放强度水平跃迁产生促进作用。尤其是对外开放水平的提升对重庆、天津、四川、广西等省区市及其

相邻省区市碳排放强度的下降起到促进作用。由此可见，通过推进天津、四川、重庆、广西的能源价格改革、能源消费结构调整，可降低本地区碳排放强度，同时继续扩大天津、四川、重庆、广西等省区市的对外开放程度，实现天津、四川、重庆、广西及相邻省区市碳排放强度减排。

② 黑龙江、北京、河南等省区市能源价格调整、对外开放水平的提升是保持该地区低碳排放强度稳定的重要因素。同时，黑龙江、北京、河南等省区市应该注意到能源价格影响的溢出将促进其相邻省区市高碳排放强度的稳定，产生地区碳减排的冲突问题。由此可见，黑龙江、北京、河南等省区市应通过扩大对外开放水平达到碳排放强度下降的目的。

③ 山东、广东、江苏、湖南、福建、安徽、湖北、上海、浙江、江西、海南等省区市可通过调整能源价格、扩大对外开放水平，实现本地区碳排放强度的下降。同时，山东、江苏、安徽、湖北、上海、浙江、湖南、江西、福建、广东、海南等省区市能源强度的提升和产业结构的调整将有助于其相邻省区市碳排放强度的下降。具体如表 8-4 所示。

表 8-4　低碳排放强度稳定的区域减排

| 省区市名称 | 时空跃迁的类型 | 驱动本地区减排的因素 | 相邻地区的变动类型 | 驱动相邻地区减排的因素 | 抑制相邻地区减排的因素 |
|---|---|---|---|---|---|
| 天津、四川、重庆、广西 | 本地区稳定—相邻地区跃迁（LH→LL） | 能源价格（EP）、对外开放水平（OPEN） | 高到低（H→L） | 能源消费结构（ECS）、对外开放水平（OPEN） | |
| 黑龙江、北京、河南 | 本地区稳定—相邻地区稳定（LH→LH） | 能源价格（EP）、对外开放水平（OPEN） | 高稳定（H→H） | | 能源价格（EP） |
| 山东、江苏、安徽、湖北、上海、浙江、湖南、江西、福建、广东、海南 | 本地区稳定—相邻地区稳定（LL→LL） | 能源价格（EP）、对外开放水平（OPEN） | 低稳定（L→L） | 能源强度（EI）、产业结构（IS） | |

## 8.3.2　约束低碳排放强度地区的变动

对于低碳排放强度变动的青海和云南两个省区，具体的减排措施如下：能源强度、产业结构、经济发展水平对青海、云南从低碳排放强度水平向高碳排放强度水平跃迁产生促进作用。能源消费结构、对外开放水平对青海、云南相邻高碳排放强度省区市向低碳排放强度水平跃迁产生促进作用。由此可见，政府可以考虑通过提升经济发展水平和能源技术水平，以及优化产业结构等措施，实现中国碳排放强度的下降。同时，青海和云南可以通过调整能源消费结构和扩大对外开放等方式，促进其相邻省区市碳排放强度的下降。具体如 8-5 所示。

**表 8-5　低碳排放强度变动的区域减排**

| 省区名称 | 时空跃迁的类型 | 抑制本地区减排的因素 | 相邻地区的变动类型 | 驱动相邻地区减排的因素 |
|---|---|---|---|---|
| 青海、云南 | 本地区跃迁—相邻地区跃迁（LH→HL） | 能源强度（EI）、产业结构（IS）、经济发展水平（GDPPC） | 高到低（H→L） | 能源消费结构（ECS）、对外开放水平（OPEN） |

## 8.3.3　突破高碳排放强度地区的锁定

对于保持高碳排放强度稳定的宁夏、内蒙古、新疆、辽宁、甘肃、河北、山西等 8 个省区市，具体的减排措施如下：

① 宁夏应该通过能源消费结构的调整方式，消除地区高碳排放强度稳定的不良状况。同时，对外开放水平的提升将有助于宁夏相邻省区市碳排放强度的下降。

② 内蒙古、新疆、辽宁、甘肃、河北、山西等省区市可以通过调整能源消费结构、利用能源价格调整的溢出效应，扭转本地区及其相邻省区市高碳排放强度稳定的不利状况。

③ 贵州可以通过调整能源消费结构，破解地区高碳排放强度稳定的难题。同时，贵州能源强度的提升及产业结构的调整，将有助于其相邻省区市低碳排放强度状态的稳定。具体如表 8-6 所示。

表 8-6　高碳排放强度稳定的区域减排

| 省区市名称 | 时空跃迁的类型 | 抑制本地区减排的因素 | 相邻地区的变动类型 | 驱动相邻地区减排的因素 | 抑制相邻地区减排的因素 |
|---|---|---|---|---|---|
| 宁夏 | 本地区稳定—相邻地区跃迁（HH→HL） | 能源消费结构（ECS） | 高向低（H→L） | 对外开放水平（OPEN） | |
| 内蒙古、新疆、辽宁、甘肃、河北、山西 | 本地区稳定—相邻地区稳定（HH→HH） | 能源消费结构（ECS） | 高稳定（H→H） | | 能源价格（EP） |
| 贵州 | 本地区稳定—相邻地区稳定（HL→HL） | 能源消费结构（ECS） | 低稳定（L→L） | 能源强度（EI）、产业结构（IS） | |

### 8.3.4　激励高碳排放强度地区的跃迁

对于高碳排放强度变动的陕西和吉林两个省区市，具体的减排措施如下：陕西和吉林可以通过人口规模和城镇化水平的调控，实现本地区碳排放强度的下降。同时，陕西和吉林能源价格的调整将促使其相邻省区市高碳排放强度的稳定，还应注意到地区之间碳排放强度减排政策的协调。具体如 8-7 所示。

表 8-7　高碳排放强度变动的区域减排

| 省区市名称 | 时空跃迁的类型 | 驱动本地区减排的因素 | 相邻地变动类型 | 抑制相邻地区减排的因素 |
|---|---|---|---|---|
| 陕西、吉林（HH→LH） | 本地区跃迁—相邻地区稳定（HH→LH） | 人口规模（P）城镇化水平（UR） | 高稳定（H→H） | 能源价格（EP） |

## 8.4　本章小结

中国各省区市碳排放强度的变动呈现出"集聚—分异—跃迁"的时空动态演进特征，为实现中国政府向国际承诺的碳排放强度下降及碳排放总量达峰的低碳经济转型发展目标，需要加强对碳排放强度"稳定"及"跃迁"的关键省区市的有效监测与治理，提升区域碳减排协同治理的效率。
根据各省区市碳排放强度时空集聚与跃迁分析的结果，进一步采取分区域、
有重点的区域碳减排协同治理措施。研究显示：

① 大部分低碳排放强度省区市具有较强的时空稳定性。对于具有较强
时空稳定性的黑龙江、北京、河南（LH→LH）、山东、江苏、安徽、湖
北、上海、浙江、湖南、江西、福建、广东、海南（LL→LL）和天津、四
川、重庆、广西（LH→LL）18 个低碳排放强度省区市，对外开放水平
（OPEN）与能源价格（EP）是主要驱动因素。进一步研究发现，产业结构
和能源强度的空间溢出是促进湖南、安徽、山东、海南、江西、江苏、湖
北、上海、浙江、福建、广东（LL→LL）相邻的低碳排放强度省区市的稳
定的重要驱动因素。出现低碳排放强度的空间集聚区，该区域省区市是拉动
中国碳排放强度下降的重要地区。能源价格的空间溢出将抑制黑龙江、北京、
河南（LH→LH）相邻的高碳排放强度省区市向低碳状态的跃迁。能源消费
结构和对外开放水平的空间溢出将驱动天津、四川、重庆、广西（LH→
LL）相邻的高碳排放强度省区市向低碳状态跃迁。

② 部分高碳排放强度省区市具有较强的时空稳定性。对于具有较强时
空稳定性的内蒙古、新疆、辽宁、甘肃、河北、山西（HH→HH）、贵州
（HL→HL）、宁夏（HH→HL）8 个高碳排放强度稳定省区市，当地能源
消费结构对该省区市向低碳排放强度水平跃迁产生制约作用。进一步研究
发现，能源价格的空间溢出将驱动内蒙古、新疆、辽宁、甘肃、河北、山
西相邻的高碳排放强度集聚，对省区市向低碳排放强度状态跃迁产生制约
（HH→HH）作用；产业结构和能源强度的空间溢出抑制贵州相邻的低碳排
放强度省区市状态的稳定；能源消费结构和对外开放水平的空间溢出对宁
夏相邻的高碳排放强度省区市向低碳状态跃迁产生反向驱动（HH→HL）
作用。

③ 部分高（低）碳排放强度省区市具有较强的时空跃迁性。对于具有
较强时空跃迁性的青海、云南（LH→HL）、陕西、吉林（HH→LH）4 个
省区市，能源强度（EI）、产业结构（IS）和经济发展水平（GDPPC）是驱

动青海、云南（LH→HL）向高碳排放强度跃迁的重要因素。同时，能源消费结构和对外开放水平的空间溢出将驱动青海、云南（LH→HL）相邻的高碳排放强度省区市向低碳状态跃迁；人口规模（P）和城镇化水平（UR）将驱动陕西、吉林（HH→LH）等高碳排放强度地区向低碳排放强度水平跃迁。其中，能源价格的空间溢出将抑制陕西、吉林相邻的高碳排放强度省区市向低碳排放状态跃迁（HH→LH）。

# 第 9 章　中国绿色低碳经济发展的国际合作

　　加快绿色低碳发展、实现温室气体的深度减排，需要进行经济、社会、能源、环境和应对气候变化的协同治理，推进经济社会发展全面绿色转型。绿色经济是一种以资源节约型和环境友好型经济为主要内容，资源消耗低、环境污染少、产品附加值高、生产方式集约的一种经济形态。绿色经济综合性强、覆盖范围广，带动效应明显，能够形成并带动一大批新兴产业，有助于创造就业和扩大内需，是推动经济走出危机"泥淖"和实现经济"稳增长"的重要支撑。同时，绿色经济以资源节约和环境友好为重要特征，以经济绿色化和绿色产业化为内涵，包括低碳经济、循环经济和生态经济在内的高技术产业，有利于转变我国经济高能耗、高物耗、高污染、高排放的粗放发展模式，也有利于推动我国经济集约式发展和可持续增长。本章基于绿色经济发展的基本内涵与理念思想，结合绿色经济发展的社会经济价值，阐明中国绿色经济发展的主要模式，归纳中国绿色经济发展的政策措施，比较分析绿色低碳发展的国际政策，进一步揭示中国绿色低碳经济发展国际合作的战略价值。

## 9.1　中国绿色低碳经济发展的模式分析

### 9.1.1　绿色低碳经济发展理念的价值分析

　　（1）绿色经济发展的理念分析

　　① 绿色经济概念

　　绿色经济概念是产生于可持续发展思想的新型经济发展理念，致力于提高社会公平和人类福利。绿色经济发展是绿色发展的根本，主要包括两个方面：一是经济发展要体现环保性，一切经济行为必须以保护环境和生态健康作为首要条件，要求一切经济活动不能以破坏环境作为代价，一定要表现为有利于生态的健康和环境的保护。二是环保的表现要反映经济性，从环境保护的活动中获取绿色经济效益，维系生态健康作为新时期新的经济增长点极，实现绿色经济发展。发展理念是发展行动的向导，即发展方向、发展思路、发展着力点的集中表现。

② 绿色环境发展新理念

绿色环境发展新理念是指通过合理利用自然环境资源，防止人文环境与自然环境的污染，保护地球上的生物和生态自然环境，提高人类社会环境的生存状态，发展生态平衡和人类与自然环境的融合，以确保人类社会与自然环境协调地共同发展。绿色环境发展要科学布局生产、生态和生活空间，扎扎实实推进自然生态环境保护。良好的生态环境是人民幸福生活质量的源泉，人民生活幸福健康是我国良好形象的出发点。

③ 绿色文化发展新理念

绿色文化，是与生态意识、环保意识、生命意识等绿色理念相关，以绿色行为体现人类与自然和谐相处、共同发展的行为规范、生活方式、价值观念、思维方式等文化现象的叠加。绿色文化是绿色发展的精神和灵魂。作为一种观念、价值观和意识形态取向，绿色文化不仅影响其他各个系统，而且自始至终地浸透贯穿并深刻影响着绿色经济发展的各个环节，并在其中起主导、灵魂作用。弘扬绿色文化，倡导绿色价值观，对于完成经济结构调整和经济发展方式转变，促进经济绿色发展、建设美丽中国具有重要的实践和指导意义。

④ 绿色政治生态新理念

绿色政治生态新理念是指政治生态廉洁、清明，政治环境优良。防止腐败滋生是保持政治生态清洁的必然要求。如果有腐败分子生存的场所，政治生态环境必然会受到污染。绿色政治生态不仅能促进社会生产力的和谐发展，也能改善政治生态。

（2）绿色经济发展的价值分析

可持续发展概念被正式提出以后，被广泛应用于包括环境保护领域在内的许多领域之中，其内涵和外延也得到不断丰富和发展，派生出经济可持续发展、生产可持续发展、社会可持续发展等概念。可持续发展的核心内容是：人类在努力满足当代人的需求时，应当承认环境承载能力的有限性，不能剥夺后代人所必需的自然资源和环境质量。《中国 21 世纪议程》指出，可持续发展的前提是发展，既能满足当代人的需求而又不对满足后代人的需求的能力构成危害。可持续发展首先是发展，并且是持续不断的良性循环，需要在改善和保护发展的源头——自然环境的前提下，合理调整传统的产业发展模式，协调经济、社会和自然环境之间的关系。有鉴于此，以可持续发展观为基础的绿色产业模式，就成为当今产业经济发展的必然选择。

① 绿色经济模式强调经济、社会和环境的一体化发展

在传统经济发展模式下，大量占有和利用自然资源，不断提高劳动生产率，最大化地促进经济增长是其基本特征，认为自然环境与经济增长和社会发展之间彼此不能兼容，环境问题是经济与社会发展过程中的必然现象，社会发展、经济繁荣必然要以牺牲自然环境为代价，最终导致经济发展的不可持续性。绿色经济模式是以可持续发展观为基础所形成的新型经济发展方式，它以自然生态规律为基础，通过政府主导和市场导向，制定和实施一系列引导社会经济发展符合生态系统规律的强制性或非强制性的制度安排，引导、推动、保障社会产业活动各个环节的绿色化，从根本上减少或消除污染。

② 绿色经济能够体现出自然环境的价值

传统经济系统坚持封闭性、独立性，认为只要系统本身不断扩大，经济就会得到永无止境的发展，不受其他任何条件的制约，这导致全球环境危机不断加剧。绿色经济系统坚持开放性和协调性，将环境资源的保护和合理利用作为其经济系统运行的重要组成部分，在生产、流通和消费各个领域实行绿色先导原则，尽可能地减少对自然环境的影响和破坏，或者改

善环境资源条件，并将自然环境代价与生产收益一并作为产业经济核算的依据，确认和表现出经济发展过程中自然环境的价值。事实上，经济的发展与环境资源的消耗是并行的，在量化经济发展的各项收益指标时，环境消耗价值理应据实计算并从中扣除。

③ 绿色经济的自然资源利用具有公平性

公平性是可持续发展的重要特性，失去公平性就等于失去可持续发展。追求经济利益最大化，不断提高人类的生活质量，是经济和社会发展的基本目标。然而，传统经济模式下的社会经济增长，是以自然资源系统遭受严重破坏和污染为代价获得的，仅仅满足了当代人或少数区域人的物质利益需求，却忽略了后代或其他欠发达区域人的生存需要，是将子孙后代或全人类的环境资源用以满足少部分当代人的物质上的奢侈，这是极端不公平的。绿色经济发展方式通过自然资源的可持续利用，能够最大限度地提高自然环境的利用率和再生能力，理论上可以同时兼顾当代人和后代人的代际利益平衡和当代人之间的区域利益平衡。

④ 绿色经济可以引导产业结构的优胜劣汰

在经济发展过程中，产业结构是动态的，优胜劣汰是客观规律，正是基于产业结构的更新机制，才能实现产业的可持续发展。发展绿色经济，可以引起工业社会发生巨大的变革：一是在生产领域中，工业社会以最大化地提高社会劳动生产率、促进经济增长为中心的"资源—产品—污染排放"的生产方式将转变为以提高自然资源的利用率、消除或减少环境污染为中心的可持续发展生产方式，生产者的环境保护责任和意识日益提升；二是在流通领域内改革工业社会所奉行的自由贸易原则，实行附加环境保护的义务的自由贸易，控制和禁止污染源的转移；三是转变消费观念，引导和推动绿色消费。这一系列的制度性变革，必然引起工业社会向绿色社会的回归，依据自然生态规律，建立起由不同生态系统所构成的绿色经济系统。

## 9.1.2 中国绿色低碳经济发展的模式分析

2021年2月国务院印发《关于加快建立健全绿色低碳循环发展经济体

系的指导意见》，要求大力发展绿色金融，支持服务绿色产业的企业进入资本市场。国家七部委于 2016 年联合发布《关于构建绿色金融体系发展的指导意见》，意见对绿色发展提供了政策性指导。2015 年 10 月 26 日党的十八届五中全会率先将我国绿色发展列为五大发展战略之一。绿色发展的实现需要巨大的资金支撑，更离不开资本市场的支持。近年来，绿色金融发展成为供给侧结构性改革的理念之一，同时也是推动我国经济结构转型升级、实现绿色经济社会可持续发展的重要措施。"十三五"规划的理念倡导绿水青山就是金山银山，"十四五"规划明确指出，发展绿色金融，支持绿色技术创新，加快重点领域和重点行业的绿色化发展升级改造，未来绿色低碳产业发展将成为我国经济产业发展的重要目标。

（1）增进人民幸福生活、建设美丽中国

党的十九大报告明确指出，建设的现代化是人与自然和谐共生的现代化，既要创造更多物质财富和精神财富，以满足人民日益增长的美好生活需要，同时，也要提供更多优质生态产品以满足人民日益增长的优美生态环境需要。要形成绿色发展方式和生活方式，坚定走生产发展、生活富裕、生态良好的文明发展道路，建设美丽中国。

（2）促进人类命运共同体、全球生态链的建设

绿色发展是全球发展趋势，是保护环境和经济增长协调的一项可持续发展战略，是保障中国人民乃至世界人民世代幸福的发展方式。自古以来，人们总以为地球资源是可以无限挖掘的，但事实证明资源是非常有限的。经济与社会的可持续发展是一件极其不容易的事，也需要有一套完善的法规和制度来保证，我国推出的绿色发展指数，正是在这样的时代背景下应运而生的。我国首次发布的绿色发展指数，不仅有助于促进中国生态文明建设，有利于提高人民幸福生活，也有利于可持续发展的全球生态链地球构建，推动人类命运共同体建设。

（3）提升和完善我国生态文明国家治理体系

党的十九大报告指出，生态文明建设是中华民族持续发展的千年大计。生态文明建设也是坚持保护环境和节约资源的基本国策，因此要实施严格

的生态环境保护制度。国家资源、生态、能源和环境具有公共性特征，属于全体人民的共有财产，这就决定了政府在环境与生态治理中担负着重要的责任，要承担一定的公共政策、监督管理职责。在党的路线方针正确指引下，政府从资源环境生态管理体制上不断精心规划和有效实施。绿色发展指数的公布与形成，正是体现了这一点。全面建成高水平的小康社会，必须坚持绿色发展，加强生态环境保护和建设，让绿色发展成为国家发展和生态文明进步的一抹亮色。

（4）加强生态环境保护和建设

加强生态环境保护的重点在于限制增量，加强环境建设的重点在于改善存量。只有社会各方紧密协作，绿色发展才能真正成为一种新的生活方式和新的发展理念，全面推进生态环境保护和建设。绿色发展与生态文明建设，功在千秋，利在当代。生态兴则文明兴，经济发展离不开生态文明建设，绿色发展是历史发展的必然，也是我国可持续发展的战略目标。在新时期，各界万众一心，齐心协力，推动人与自然和谐发展的现代化建设新篇章，为建设美丽中国和保护人类共同的生态文明做出更大努力。

（5）实施我国绿色经济发展新战略

党的十九届五中全会提出，推动绿色发展，促进人类与自然和谐共生，谋划了未来五年乃至更长时期的生态文明建设战略：广泛形成社会化绿色生产生活方式，碳排放达峰后稳中有降，生态环境根本好转，实现美丽中国建设目标。近几年的全国两会政府工作报告针对绿色发展方面的建设做了明确说明，中央始终强调绿色发展战略，绿色发展不仅仅是发展的理念，也是党中央和全国人民的共同期盼和美好心愿。

（6）坚持节约资源和保护环境的基本国策

坚持可持续发展，坚定走生产发展、生态良好、生活富裕的社会主义新文明发展道路。坚定走生态优先绿色发展道路，围绕环境质量改善为核心，整体推进生态文明体系建设，形成经济社会发展与环境保护相融合，实现人与自然和谐发展的美好愿望。加快建设环境友好型、资源节约型社会，形成人与自然和谐发展的新时期现代化建设新体系，促进美丽中国建设，为全球生态文明、生态安全做出贡献。

（7）新时期经济发展理念的重要组成部分

党的十九届五中全会通过的《中共中央关于制定国民经济和社会发展第十四个五年规划和二〇三五年远景目标的建议》提出，推动绿色发展，促进人与自然和谐共生，坚持绿水青山就是金山银山理念，促进经济社会发展全面绿色转型。党的二十大报告中强调，推动经济社会发展绿色化、低碳化是实现高质量发展的关键环节。这些论述都彰显了新形势下绿色经济发展的重要性，同时，也指明了经济转型绿色经济涉及的领域、范围和进度等各要素。"十四五"及今后很长一段时期，要将绿色发展理念全面贯穿落实到社会各项工作中的每个环节。

## 9.2　中国绿色低碳经济发展的政策措施

### 9.2.1　中国绿色低碳经济发展的制度分析

（1）合理的环境保护制度

可持续发展特别强调制度因素对维持长期经济发展的重要作用，认为合理、高效的制度安排有利于解决环境问题，促进环境、经济、社会三维复合系统的健康运行。一般认为，环境问题的根源是制度失灵，表现为市场失灵和政府失灵。

所谓强制性的制度安排，是指采用法律、行政、经济等强制性手段来实现经济活动的绿色化的制度规则。其中，法律手段主要表现为自然资源与环境保护立法、司法、守法和法律监督等方面的内容；行政手段主要表现为国家行政机关制定实施经济发展与环境保护相协调的环境保护政策，对环境保护产业的政策性引导、规划与监督，诸如建立环境影响评价制度、环境资源利用与保护许可证制度等；经济手段主要是指国家通过经济鼓励与经济抑制对环境利用的干预，如建立环境保护专项投入资金、加大对环境保护科研与教育的组织与投入、收取环境资源税费等内容。所谓非强制性制度安排，主要是指通过对社会公众的环境知识、法律知识教育，培养社会公众的环境价值观、道德观和良好的环境习惯，提高公众的环境保护意识的制度安排。合理的环境保护制度安排，能够促使人们认识到人类是自然的一部分，既不能超越自然，也不能与自然相分离，应当保持与自然环境平等相处的关系，人们应当按照发展绿色经济的法律和道德规范标准从事生产、流通和消费活动。

（2）环境保护激励机制

激励机制是组织者为了使组织成员的行为与其目标相容，充分发挥每个成员的潜能而执行的一种制度框架。发展绿色经济，离不开环境保护激励机制，它主要包括环境资源产权制度激励、企业环境制度激励、绿色消费制度激励、政府绿色引导制度激励、消除环境外部性制度等 5 个方面。

① 环境资源产权制度激励

指通过确立和明晰各种环境资源的产权关系，使环境资源的所有者和使用者之间借助市场机制建立最直接的绿色经济关系，增加生产者的环境保护成本，从而推动环境资源的合理利用，减少或消除环境污染的过程。广义地讲，产权就是受制度保护的利益，它不是指人与物之间的关系，而是物的存在及其使用所引起的人们之间相互认可的行为关系。产权安排确定了每个人相对于物时的行为规范，每个人都必须遵守他与其他人之间的关系，或承担不遵守这种关系的成本。

② 企业环境制度激励

指通过制定和实施企业发展的绿色化规则或指标体系，规范、引导和推动企业及其内部财产制度和管理制度的绿色化安排。绿色企业是绿色经济的主体，企业内部财产制度和管理制度的绿色化安排具体表现在以下方面：一是企业实行绿色的财产权制度，包括企业的组织形式、财产权结构、企业内部的治理结构等坚持环境保护理念；二是企业实行绿色的分配制度，包括利益分配形式和职工福利形式；三是企业实行绿色的管理制度，包括企业生产管理、组织管理、核算制度、审计制度等方面的绿色要求。

③ 绿色消费制度激励

指消费者对绿色产品的认可和欢迎程度，在一定程度上决定着生产者的利益，能够对绿色产品生产者产生激励作用。20 世纪 90 年代以来，绿色消费浪潮席卷世界，已经渗透到社会生活的各个方面。消费结构的改变要求生产结构作相应的调整，引导生产者从事绿色生产经营活动。

④ 政府绿色引导制度激励

指政府用相应的产业政策和法律、法规对生产者的收益比例进行调节，以弥补市场引致的绿色生产者与非绿色生产者之间、绿色生产者与社会效益之间的收益差距，使绿色产品生产者的收益率不断接近社会收益率。任何绿色产品的社会效益都会高于生产者的私人收益，而企业的生产取决于消费者对产品的需求，一旦消费者基于绿色产品价格高的原因而减少绿色产品消费，势必会影响企业的生产。因此，政府有必要建立绿色引导激励机制。

⑤ 消除环境外部性制度

就环境问题而言，在传统经济模式下，由于环境资源产权不明晰，缺乏资源交易规则，无法形成市场化的环境资源的产权交易，因此，生产者在利用自然环境资源从事生产和向自然环境排放废弃物时，往往不需要支付任何费用，造成的自然环境的污染和破坏直接由社会承担，责任者不需要也不会将其对环境的污染和破坏所发生的损失纳入其内部成本核算之中，这就必然导致生产经营者环境成本外部化的后果发生。而在绿色经济模式下，环境资源的保护是生产经营者从事生产经营活动的前提条件，生产经营者基于环境资源产权制度和保护制度的安排，一方面要有偿利用环境资源，并根据市场规则确定环境资源的交易费用；另一方面又负有保护环境的法律和经济上的义务，在排放废弃物时，不仅应当符合强制性的规定标准，还要支付相应的费用。这会使生产经营者的环境成本确定化、内部化；而环境成本的增加，势必促使生产经营者在生产经营过程中更多地关注环境资源的合理利用，减少环境问题的发生，从而降低其生产经营成本，提高经济效益。

（3）强化政府环境保护职责

政府对环境保护的主导性主要表现为政府对环境保护工作的促导、强制和参与。促导主要是通过运用经济杠杆和调整经济参数来影响人们的行为，表现为税收、信贷、财政补贴等手段，如通过征收排污费（或税）、资源费（或税）促进企业减少污染物的排放和合理开发利用自然资源；通过低息贷款或优惠贷款，帮助企业修建防治污染设施；通过优惠政策鼓励企业回收利用废弃物、采用清洁生产工艺、生产环保产品；通过加税或停止贷款等方式促使企业减少乃至停止生产污染环境的产品和使用严重污染环境的工艺、设备等。强制是指政府运用行政权力，直接对人们的行为进行限制和管理，表现为：对建设项目的环境影响评价报告和防治污染的方案进行审批；审核和颁发环保许可证；下达限期治理和停业、关闭的决定；下达限期淘汰严重污染环境的工艺、设备名录；禁止和查处环境违法行为；等等。参与是指政府在必要的时候直接以经济主体的身份参加经济活动，调节经济发展，表现为：政府投资进行环境建设，如建设污水处理厂、垃圾处理场、进行城市美化和绿化、组织城市环境综合整治；政府投资开发环保产品和环保产业等。通过政府权力性和非权力性手段的干预，促使人们在进行各种社会、经济活动中要考虑对环境的影响。政府对环境的保护职责包括：建立完善公众参与机制，完善政府各种环境管理手段，增强其规范性与透明度；增加环境保护的社会投入，有效地提供环境公共物品，如清新的空气、清洁的水源、宁静的环境等；协调各地区、各部门的环境保护活动的发展，消除环境保护发展的不均衡状况；加强环境保护国际合作，履行国际环境义务。

（4）制度化的社会技术创新

绿色经济是在生产经营过程中解决环境问题，实现经济可持续增长的制度创新，它与技术创新具有密不可分的关系。根据西方经济学家的观点，经济增长总是先由某个部门进行技术创新开始的，技术创新使该部门降低成本，扩大市场，增加利润，扩大了对其他部门产品的需求，从而带动了地区经济和整个国民经济的增长。

提高研发的投入与国内生产总值的百分比，是提高经济高质量增长的重要前提和保障。绿色经济所需要的社会技术创新，主要表现在如下两个方面：一是对传统经济技术改造与创新，包括资源削减技术、再循环技术、无害化技术等，减少自然资源的利用和废弃物的排放，提高资源的利用率，从资源密集型企业转变为技术密集型、环保型企业；二是节约资源的高新技术，通过产业结构的不断优化升级，实现智力资源对环境物质资源的替代和经济活动的知识化、生态化转向，培育和发展科技含量高、经济效益好、资源消耗低、环境污染小、人力资源得到充分发挥的新型工业企业，推动经济的持续增长。

### 9.2.2　中国绿色低碳经济发展的主要措施

应对全球金融危机，我们要把发展绿色经济作为我国推动可持续发展、促进经济转型的有效途径，让绿色经济成为"稳增长"与"调结构"的引擎。为此，需要采取以下 6 条措施，积极探索发展绿色经济的有效模式。

（1）完善资源环境价格形成机制

利用利益引导机制，培育绿色新兴产业，推动绿色产业集聚，延长产业链，提升价值链，提高产品附加值。要完善资源环境价格形成机制，发挥价格机制的引导作用，通过投资审批、土地供应、融资支持、财政补贴和税费优惠等政策工具，改变绿色生产的成本收益结构，积极引导企业培育和发展绿色新兴产业。要加强绿色产业集聚区建设，依托现有高新区、经济开发区，营造良好的软环境，推广资源节约和环境友好的两型产业，推动绿色产业集群化。要根据产品工艺和生产工序的内在联系，在多个企业或产业间进行工业生态的链接，增强相关企业或产业之间的关联度，延伸产业链条，提高产品的附加值，形成多产业横向扩展和资源深加工纵向延伸相结合的绿色产业链。

（2）完善绿色创新人才的培养激励机制

加强绿色技术研发，培育发展绿色产业的人才，建立支持绿色产业的产学研合作体系和绿色人才培养激励机制。要加强政府、企业、高校、科研院所和社会中介组织之间的分工协作，广泛建立并优化产学研合作体系。

政府要加大对绿色技术的公共研发投入，构建利益补偿机制和风险分担机制，可设立专项基金用于支持绿色经济企业的自主技术创新，推进引进、吸收和集成技术创新；企业同科研院所、高等院校要联合建立研发机构、产业技术联盟等技术创新组织，形成支持自主创新的企业、高校、科研院所的合作生态，共同面向绿色技术进行科技创新活动；行业学会、协会等社会组织也要发挥其中介优势，提供绿色技术交流平台和绿色技术引进渠道，促进绿色技术成果的扩散和商业转化。要完善绿色技术和产品的质量认证标准，淘汰对生态环境危害较大的企业，保留具备绿色生产能力、符合绿色生产标准的先进企业。绿色技术的学习和扩散必须建立在一定的知识积累和人才储备基础上。所以，要完善绿色创新人才的培养激励机制，建设绿色技术研发队伍。通过发现、评价、选拔、管理和激励等制度创新来培养一大批"顶天立地"的绿色经济技术领军人才和创新型企业家，借经济危机契机引进国内稀缺的海外高端人才。

（3）完善中国绿色金融标准体系

完善金融投融资渠道，发展绿色金融，吸引天使投资、风险投资和股权基金等股权投资来发展绿色经济，通过绿色信贷政策引导社会资金流向绿色产业。绿色新兴产业对既有石化技术体系可能产生的颠覆性冲击和高投入长周期的特征使得对其的投融资面临很多风险和不确定因素，在一定程度上限制了其银行信贷的获取。股权投资具有市场筛选、产业培育、风险分散、资金放大、要素集成、促进合作等制度功能，是高新技术产业化的催化剂。支持绿色经济必须发展以"天使投资—风险投资—股权投资"为核心的投融资链，尽可能扩大其退出通道，吸引天使投资、风险投资和股权投资聚集对绿色经济领域的投资，扶持创新型绿色中小企业。除利用直接融资工具外，还要鼓励国家政策性金融机构对绿色产业进行重点扶持，针对可再生能源项目定向发放无息、低息贷款。要实施积极的绿色信贷政策，对商业银行实施信贷窗口指导。通过加强对节能减排、新能源研发企业的信贷支持，严格控制对高耗能、高污染和产能过剩行业的贷款，并对污染企业实施惩罚性高利率等措施，引导金融机构将资金投入绿色经济领域。

（4）推动绿色生产和绿色消费良性互动

通过政府采购和绿色产品补贴等措施，刺激绿色消费，推动绿色生产和绿色消费良性互动。倡导绿色消费方式，有利于带动绿色产业发展，促进产业结构升级优化。我国绿色消费市场潜力巨大。有研究表明，80％以上的欧美国家消费者把环保购物放在首位，愿意为环境清洁支付较高的价格，而与这些国家相比，中国的绿色消费人群要少10到20个百分点，绿色消费理念的形成将促进中国绿色消费市场的开发。倡导绿色消费要利用经济手段引导绿色消费，通过价格机制，加大对以节能环保为导向的绿色消费的补贴力度和信贷支持，刺激绿色生产和绿色消费。要加大政府采购对绿色产品的首购、订购力度，为新兴绿色产业产品打开市场，促进新兴绿色产业研发和产业化。要在消费者中加强绿色理念宣传，促进公民逐步树立绿色消费观，在全社会营造生态、适度、节俭的绿色消费氛围。要推进绿色建筑、绿色家庭和绿色交通建设，形成绿色消费与绿色生产的良性互动机制。

（5）完善资源环境成本核算体系

探索建立绿色政绩考核机制，加快完善资源环境成本核算体系，把环境绩效纳入地方政绩考核的硬指标。目前，北京、浙江等省市已明确要求将绿色 GDP 纳入其经济统计体系，并致力于将此作为地方政绩考核的一部分。但受限于自然环境固有的非排他性和非竞争性特点，污染责任难以明晰，多数地区只是在 GDP 指挥棒上涂抹了一层"浅绿色"。为此，要通过明晰资源环境产权、确定资源环境价格来完善资源环境成本核算体系，实现绿色经济考核有据可依。要理顺绿色经济的监督管理体制，明确监督管理部门和其他相关部门的职责，从机制上做到权责一致、分工合理。在根源上，要弱化着眼于地方经济总量的政绩考核机制，而把万元 GDP 能耗、水耗、主要污染物和二氧化碳的排放强度等环境绩效指标作为考核官员的硬约束性指标来督促地方发展模式的转型。对于生态环境重要但脆弱的地区要建立资源有偿使用和生态补偿机制综合试验区，增强全社会的可持续发展能力。

（6）构建系统、高效的绿色经济法律体系

加快修订和制定绿色经济相关法律法规，提高环境执法力度，逐步构建系统、高效的绿色经济法律体系，强化法律的执行。发展绿色经济是一项复杂的系统工程，要着力加强多层次梯度立法和完善法律配套措施，为绿色经济发展提供体制机制保障。要加快修订《中华人民共和国环境保护法》，推动《绿色经济促进法》和《中华人民共和国能源法》等相关法律的制定。鼓励各地在国家立法的框架内，结合本地特色和实际，制定适合地方需要、可操作性强的地方性法规、条例、规章和政策标准。要统筹考虑循环经济、低碳经济、清洁生产及节能减排等与绿色经济相关的范畴，综合处理好资源利用法、能源法、污染防治法、自然资源保护法等法律之间的关系，保证相关法律之间的衔接与协调，逐步构建系统、高效的绿色经济法律体系。法律的生命在于执行，特别要强化环境执法的重要地位。环境执法是实现绿色经济法律体系贯彻落实的保证。要健全执法机构、培育执法队伍、完善配套监督激励机制，提升执法效率。

## 9.3　绿色低碳发展政策的国际比较分析

### 9.3.1　丹麦的绿色低碳发展政策

丹麦在发展绿色低碳经济方面成效显著，始终走在世界前列，并积累了许多行之有效的成功经验和做法。与丹麦相比，我国能源供应主要是煤炭，非水电可再生能源在能源电力消费中的比重都比较低，这导致了排放增加、雾霾加剧等一系列环境问题，也大大增加了能源安全风险。因此，我国可以借鉴丹麦经验，大力发展可再生能源，实现经济的绿色低碳发展。一方面，积极学习引进丹麦的先进技术和经验，推进绿色低碳示范项目建设。另一方面，采取有效措施推动可再生能源的规模化发展，努力改变以煤为主的能源结构。

（1）丹麦绿色低碳发展政策成效显著

丹麦是一个北欧小国，与大多数欧洲国家一样，能源自给率很低。在

20 世纪 70 年代以前，丹麦约 93％的能源消费需要依赖进口。但 70 年代的两次世界石油危机让这个北欧小国逐渐意识到能源自给自足的重要性。从那时起，丹麦开始尝试改变过去依赖于传统能源的模式，在能源消费结构上努力实现从"依赖型"向"自力型"转变。从 1980 年起，丹麦掀起了两次能源革命，把发展低碳经济置于国家战略高度，并制定了适合本国国情的能源发展战略。随后，丹麦政府采取了一系列政策措施来推动零碳经济。

丹麦的一系列举措收效明显，1980 年至今，丹麦的经济累计增长了78％，能源消耗总量增长却几乎是零，二氧化碳气体排放量反而降低了13％[189]。丹麦的绿色经验也向世界证明：提高 GDP 和改善人民生活水平，并不意味着要消耗更多能源。1995 年至今，哥本哈根的碳排放量已减少了40％以上。在这个过程中，不断制定新的发展目标并立法推进扮演着十分重要的角色。早在 2009 年，哥本哈根市通过了《哥本哈根 2025 年气候规划》，提出分两步建成碳中和城市：首先，到 2015 年使该市碳排放量比2005 年减少 20％，这一目标目前已提前实现；其次，到 2025 年实现零排放。现在，丹麦又雄心勃勃地提出了其 2050 年发展计划：到 2050 年，丹麦全国要完全摆脱对化石能源的依赖，100％使用可再生能源。

（2）丹麦绿色低碳发展政策的主要措施

丹麦在发展"低碳经济"方面，积累了许多行之有效的成功经验和做法，概括起来主要有以下几个方面。

第一，不断制定新的发展目标并立法推进。丹麦在发展低碳经济的过程中，不断根据形势变化提出清晰和明确的低碳转型目标和战略。2009年丹麦就制定了到 2050 年完全摆脱化石能源消费的战略，并且在脚踏实地地进行实施，不是空谈。2020 年他们的目标是风电要占到全部发电的50％，可再生能源要占到全部能源消费的 35％。在制定了一系列低碳经济发展目标后，丹麦政府又通过进一步加强立法来巩固既定政策的实施。自从 1993 年通过环境税收改革的决议以来，丹麦逐渐形成了以能源税（包括水、垃圾、废水、塑料袋等 16 种税收）为核心的环境税体制，具体举措包括从 2008 年开始提高现有的二氧化碳税和从 2010 年开始实施新的氮氧化物税标准。与此同时，丹麦政府也对节能环保的产业与行为进行税收减免。

第二，采取一系列政策措施鼓励可再生能源发展。丹麦是全球风电占全部发电量占比最高的国家，2013 年发电量占到全部发电量的 32%，丹麦生物质能在全部能源消费中的比重也达到了 18%。在可再生能源发展迅速的背后，是政府政策的强力推进，如利用财政补贴和价格激励；推动可再生能源进入市场，包括对"绿色"用电和近海风电的定价优惠；对生物质能发电采取财政补贴激励；等等。

第三，建立了一套科学的可再生能源运行管理体系。目前丹麦已经是典型的分布式能源系统，具有未来电力系统的典型特征。丹麦过去只有有限的几座大电站，现在拥有几百座分布式电站，除风电外，大部分以天然气和生物质能为燃料。丹麦 50% 的电力是热电联产的电厂生产的，特别时期运行非常合理。丹麦热电联产普遍都有储热设施，把多余的热能存储起来，存满了就可以发电，这样的能源效率是非常高的。丹麦火电机组也具有非常强的灵活性，最低出力已可以降到最大出力的 10%。丹麦经验证明，可再生能源的规模化利用不但需要有先进的技术产品，更需要有先进的理念，还要建立适应可再生能源特点的能源运行和管理体系。

第四，公私合营模式打造"零碳"世界。长期以来，公私部门和社会各界之间的有效合作是丹麦绿色发展战略的基础。在发展绿色大型项目时，在商业中融合自上而下的政策和自下而上的解决方案，有效地促进了领先企业、投资人和公共组织在绿色经济增长中取长补短，更高效地实现公益目标。在这一领域，最有代表性的案例就是森讷堡的"零碳项目"。2007年，由丹佛斯公司倡导发起，森讷堡市政府、北欧联合银行基金、丹麦能源机构，以及包括丹佛斯在内的数家当地企业共同创建了森讷堡"零碳项目"，目标是在 2029 年之前，通过提高能效并改变能源结构，将森讷堡地区建设成零碳社区。而属于森讷堡的全丹麦最大企业丹佛斯也在这种模式之下寻找到了新的商业机会——重塑区域能源。

### 9.3.2　英国的绿色低碳发展政策

（1）英国加速发展低碳经济

"低碳经济"这一名词首次出现在英国政府 2003 年发布的能源白皮书《我们的能源未来：创造低碳经济》（*Our Energy Future—Creating A Low Carbon Economy*）中。该报告指出，在全球气候变化的背景下，需要通过改进英国的能源结构，鼓励发展更加清洁、智能和可靠的能源系统，同时明确了其低碳经济的发展目标。英国的二氧化碳排放量自 1973 年实现"碳达峰"后整体保持下降趋势。2019 年的二氧化碳排放量仅为最高峰时的 56.6%，已连续七年下降。同年，英国低碳和可再生能源经济（Low Carbon and Renewable Energy Economy，LCREE）部门的营业额达 426 亿英镑，并吸纳了大量就业人口。

英国政府 2020 年 11 月发布《绿色工业革命十点计划》，提出了包括发展海上风电、推动低碳氢发展、提供先进核能、加速向零排放汽车过渡等在内的 10 个计划要点，为未来 10 年内英国在工业、运输和建筑行业减少 2.3 亿吨碳排放的目标制定行动规划，并计划在绿色行业创造数以万计的就业岗位[190]。2020 年 12 月，英国政府发布《能源白皮书：为零碳未来提供动力》，对能源系统转型路径作出规划，明确了力争 2050 年能源系统实现碳净零排放目标。为此，英国积极推动清洁能源技术的开发和应用。2021 年，英国商业、能源和工业政策部成立了一项 1750 万英镑的市场竞争基金，以支持海上风力发电。在核能方面，继续推动大型核电项目，与西泽韦尔 C 核电项目投资商进行对接，以达成最终投资决定。在传统能源方面，英国宣布到 2024 年 10 月逐步淘汰现有的煤炭发电厂。

能源白皮书中确认英国将拥有本国的排放交易体系，以取代此前的欧盟碳交易市场。2021 年 1 月 1 日，英国启动了《碳排放交易计划》，规定了工业制造业企业温室气体排放总量上限，并在 2023 年 1 月或最迟到 2024 年 1 月将排放上限对标 2050 年净零排放目标路径。英国的排放交易计划遵循"上限和交易"原则，对可以排放的某些温室气体总量设定上限，企业还可以通过二级市场交易碳排放配额。2021 年 3 月，英国在七国集团国家中率先推出《工业脱碳战略》，支持低碳技术的发展，提高工业竞争力，减少英国重工业和能源密集型行业的碳足迹，并大力开发碳捕获利用和储存、氢燃料转换技术。英国计划到 2030 年大幅减少制造业企业二氧化碳排放，到 2040 年打造全球首个净零排放工业区。

（2）英国绿色低碳转型发展的主要措施

英国作为世界上最早实行绿色低碳转型的欧美国家，一直走在欧美绿色金融发展的最前沿，英国绿色低碳转型发展的实践路径主要包括以下几个方面。

首先，完善机制建设是低碳经济转型的重要制度保障。英国于 2008 年通过世界上第一个具有法律约束力的减少温室气体排放的国家承诺——《气候变化法案》（Climate Change Act）。该法案设立的气候变化委员会（Committee on Climate Change，CCC），旨在确保英国达到减排目标并进行独立评估，同时要求政府每 5 年编制一份气候变化风险评估报告，通过制定具有法律约束力的"碳预算"，到 2050 年分阶段实现"碳中和"。2014 年，英国出台能源节约计划生效，要求大型企业至少每 4 年对能源使用和能源效率进行一次强制性评估。此外，英国政府还通过开展气候变化行动，在地方推进碳框架试点，由地方政府在专业机构指导下制定低碳目标和方法。在测量低碳经济发展情况方面，英国摆脱传统行业划分标准（SIC 2007），依据低碳经济的定义，按照人口行业分布、低碳部门服务延伸等要素自下而上制定统计准则，为了解和分析低碳经济发展情况提供了扎实的数据支撑。

其次，绿色金融是低碳经济转型的催化剂。英国于 1977 年推出绿色保险，此后相继发行和成立碳基金、碳信托、绿色债券和绿色信贷，征收气候变化税，创立国际气候基金和绿色银行，在欧盟碳排放交易系统的框架内建立英国碳排放交易系统，使得绿色金融的内容和配套机制不断丰富与完善。与此同时，"赤道原则"和"低碳经济"理论的形成与发展，又为金融市场参与低碳经济转型提供理论指导，进一步激发了英国向低碳经济转型过程中的金融活力。2019 年，英国发布的《绿色金融战略》（Green

*Finance Strategy* ）着重强调了金融对绿色发展的重要意义，制定了宏观层面的绿色金融发展目标与路线图，为实现金融绿色化转型提供了指引。2020 年，英国宣布将发行全球第一只绿色主权债券，并预计到 2025 年成为全球第一个与气候相关财务信息披露工作组一致并强制披露的国家。

再其次，注重低碳技术的开发，为低碳经济转型奠定坚实基础。英国在新能源和低碳领域的技术研究、发展与推广方面进行了大量投资，涵盖可再生能源、低碳运输、节能发电、节能供暖、储能和碳捕集等各个领域。通过资助新材料等领域构筑技术转移网络，英国将低碳技术同传统行业相结合，提升本国企业在低碳经济转型过程中的竞争力。同时，英国还与欧盟国家展开广泛合作，参与技术开发基金项目，重点资助在低碳燃料技术、生物能源、核技术、海上风电组件技术和氢能燃料电池等技术领域的企业开展研究。

最后，在行业层面积极落实低碳理念，推动低碳经济转型。依据低碳技术的支撑，英国在电力行业大力推进风电、水电、光伏、碳捕集和储存技术的应用，依托智能电表、电网管理系统等手段，加快智能电网建设；在交通运输业，积极推广各类新能源汽车，发布氢能源及燃料电池技术路线图，通过辅助驾驶和配套物流、通信等基础设施，提升交通运输整体效率；在废物处理方面，注重延长回收废物的生命周期，注重生物废料的再加工和再利用，构建锂电池回收系统；在能源效率产品领域，推广 LED 灯具、节能门窗、低碳建材、热回收系统和工程制造过程中的能源控制系统；在低碳服务行业，提供低碳咨询和低碳融资服务。由此可见，英国以低碳技术为支撑，以行业应用场景为载体，实现了传统行业运行模式的低碳转型。

### 9.3.3　日本的绿色低碳发展政策

日本的减碳政策经过不断发展完善，在内容上以开发利用新能源、创新减排技术、发展绿色产业为主线，在形式上利用税收、财政补贴等手段引导地方政府积极参与碳减排工作，调动社会整体力量发展低碳经济，取得了一定的碳减排效果。对我们的启示是，利用政策引导绿色产业发展，以获取技术优势，同时推动城市、企业与个人层面的碳减排。

（1）日本加速发展低碳经济

日本减碳政策的演变与其资源禀赋和发展路径息息相关，有限的自然资源与逐渐变化的发展模式使日本减碳政策确立了向绿色低碳社会转型的目标。日本作为岛国，受自然环境约束较强，且距离中东等化石能源储量丰富地区较远，这样的地理位置使日本受资源约束较强，导致日本对气候变化问题相对内陆国家更敏感，有更大的动力去发展绿色技术与绿色产业。解决气候变化问题、获取国际领先技术优势、促进日本经济发展、提高日本国际地位、摄取政治利益，是日本减碳政策变化的主要原因。日本减碳政策的发展过程与欧盟类似，同样是以污染治理为出发点，以能源结构调整为主要抓手，以税收、补贴、绿色金融为推动手段，发展绿色产业，逐步向碳中和推进。

（2）日本绿色低碳转型发展的主要措施

日本减碳政策逐步完善，基于资源禀赋、技术优势制定了以能源转型为核心实现绿色产业发展为主的减碳发展路线。在政策执行上形成了利用政策引导城市自主规划碳减排，利用碳税制度、财政补贴等手段推动企业自愿采取减排措施，积极引导民众参与环保运动，从多维度共同推进碳减排的模式。日本采取的一系列措施获得了一定减排效果，其绿色低碳转型发展的主要措施和成功经验可以总结如下：

第一，日本减碳政策以创新新能源、调整能源结构为主，利用政策引导加市场化机制推动企业进行技术创新，从而持续发展绿色产业，全方位推进碳减排工作。在《2050年碳中和绿色增长战略》的引导下，日本着重推动14个领域的绿色产业发展。为此，日本运用税收、补贴等手段调动市场机制引导企业保持绿色技术创新，2010—2016年，日本企业的绿色技术发明数量占日本整体的97％，发挥了企业作为市场主体的作用，利用企业创新获取核心技术、推动绿色产业发展，以此维护日本在各领域的优势地位[191]。

第二，日本在早期制定减碳政策时就有意识地明确各社会主体职责，调动全社会积极性，以社会力量共同应对全球气候变暖。在各级政府层面，日本积极推动低碳城市建设。城市是人类社会生产生活的中心，会产生大量的碳排放，也是低碳发展政策的推动执行层面，因此，低碳城市建设是应对气候变化的重要突破口。日本由中央政府设定法规、提供信息咨询与指导，推出环境示范城市和环境未来城市项目，对每个城市进行绿色低碳发展规划，从能源清洁、低碳交通、低碳建筑、低碳生活、低碳产业等方面推进低碳城市的建设，日本还利用市场化机制引导政府、高校、企业等多方面合作，为低碳城市发展注入内生动力。

在企业与个人层面，两者作为碳减排工作的具体行动单元，其在碳减排过程中具有极为重要的作用。日本利用税收、财政补贴等手段推动企业与个人参与碳减排工作，又通过《环境教育法》等法律法规手段培养企业与个人的低碳理念，综合利用社会各层级的力量推动碳减排。

### 9.3.4　美国的绿色低碳发展政策

（1）美国加速发展低碳经济

在低碳经济发展过程中，美国坚持自由市场经济原则，其产业低碳发展的融资问题基本通过直接资本市场解决，同时辅以风险资本、私人投资、财税等多种措施，协调促进低碳经济发展，走的是"市场主导、多元复合"之路。美国环保局（Envionment Protection Agency，EPA）逐年发布的《温室气体排放与碳汇目录》显示，2007 年美国出现二氧化碳排放量峰值，当年碳排放量 55 亿吨，之后显著下降[192]。美国推进低碳发展的政策措施及相关实践经验值得我们借鉴。

（2）美国绿色低碳转型发展的主要措施和成功经验

第一，健全碳减排政策体系。从 20 世纪 70 年代起，美国多次出台能源与减排相关法案，逐渐形成完整的碳减排政策体系。在奥巴马主政期间，美国高度重视低碳发展，颁布了《应对气候变化国家行动计划》，明确了减排的优先领域，推动政策体系不断完备。2009 年通过《美国清洁能源与安全法案》，对提高能源效率进行规划，确定了温室气体减排途径，建立了碳交易市场机制，提出了发展可再生能源、清洁电动汽车和智能电网的方案等，成为一段时期内美国碳减排的核心政策。2014 年推出《清洁电力计划》，确立 2030 年之前将发电厂的二氧化碳排放量在 2005 年的基础上削减至少 30％的目标，这是美国首次对现有和新建燃煤电厂的碳排放进行限制。一系列应对气候变化的顶层设计，引领了美国碳达峰后的快速去峰过程。

第二，加快能源系统变革。美国充分利用市场机制，促进核电、太阳能、风能、生物质能和地热能等可再生能源发展和技术进步，推动能源结构不断调整优化。目前，美国国内能源消费比重排序依次是石油、天然气、煤炭、核能及可再生能源。2005—2017 年，美国煤炭和石油消耗比例持续下降，天然气消耗比例持续上升，在美国清洁能源转型过程中发挥了中心作用。美国联邦政府出台包括生产税抵免在内的一系列财税支持政策，各州政府则实施了以配额制为主的可再生能源支持政策，促进可再生能源发展。美国风力发电量从 2008 年的 5 万吉瓦时增加至 2017 年的 25 万吉瓦时，占整个发电量的份额从 1.5％增加至 6.9％；核电目前占美国总发电量的 20％，美国已成为世界上核电装机容量最多的国家；加利福尼亚州实施"百万太阳能屋顶计划"，太阳能发电占全美国太阳能发电总增长的 43％。

第三，推动产业结构优化及重点行业能耗降低。美国多以财政政策、税收政策和信贷政策为主，依靠市场机制促进衰退产业中的物质资本向新兴产业转移，最后达到改善产业结构的目的。在政策和市场的引导下，美国钢铁工业、冶金工业、铝行业等重点行业的能源消耗呈持续下降趋势。与此同时，能耗较低的第三产业得以快速发展，进一步推动美国将其劳动力密集型制造业转移至发展中国家，显著降低能源消耗与碳排放。产业结构的调整优化，促使美国温室气体排放与经济发展呈现相对脱钩趋势。从 1990 年到 2013 年，美国 GDP 增长 75％，人口增长 26％，能源消费增长 15％，而碳排放量只增长了 6％。

第四，推动低碳技术创新。长期以来，美国低碳技术发展迅速。1972 年，美国就开始研究整体煤气化联合循环技术，配合燃烧前碳捕集技术，目前美国已基本实现清洁煤发电。碳捕集和封存技术是美国气候变化技术项目战略计划框架下的优先领域，全球 51 个二氧化碳年捕获能力在 40 万吨以上的大规模 CCUS 项目中有 10 个在美国。美国低碳城市建设采取的行动包括节能项目、街道植树项目、高效道路照明、填埋气回收利用、新能源汽车及固体废物回收利用等，对碳减排起到了良好促进作用。

第五，各州采取低碳发展地区行动。美国各州的政策自主权和自由度较高，碳减排主要依靠内生动力。以加利福尼亚州为代表的地方行动为美国低碳发展注入活力。2006 年该州通过了 AB32 法案，要求 2020 年的温室气体排放量降低到 1990 年的水平。之后，该州实施了一系列环保项目，包括 "总量限制与交易" 计划、低碳燃油标准、可再生电力强制措施和低排放汽车激励措施等，带动其他州也纷纷采取措施，逐步形成碳减排合力。

### 9.3.5　德国的绿色低碳发展政策

（1）德国加速发展低碳经济

德国政府提出实施气候保护高技术战略，先后出台了 5 期能源研究计划，以能源效率和可再生能源为重点，为 "高技术战略" 提供资金支持。2007 年，德国联邦教育与研究部又在 "高技术战略" 框架下制定了气候保护技术战略。该战略确定了未来研究的 4 个重点领域，即气候预测和气候保护的基础研究、气候变化后果、适应气候变化的方法和与气候保护的政策措施研究，同时通过立法和约束性较强的执行机制制定气候保护与节能减排的具体目标和时间表[193]。

（2）德国绿色低碳转型发展的主要措施

第一，支持绿色复苏，经济复苏与气候保护协同推进。2020 年 6 月德国联邦政府出台的总价值为 1300 亿欧元的经济复苏计划中，有 500 亿欧元聚焦于气候变化的应对举措，包括电动交通、氢能、铁路交通和建筑等领域。该绿色复苏计划实质是对德国 2045 年 "碳中和" 目标导向下经济绿色低碳转型行动框架的延续、优化和加速推进。2021 年 5 月，为加快气候目标的实现，德国联邦政府出台《2022 年气候保护一揽子行动计划》，规定在2022 年的联邦财政预算中为此拨款 80 亿欧元。这笔资金主要用于能源、工业、建筑和住房、交通运输四大部门，是对《气候保护计划 2030》的补充和延续。其中建筑和住房领域 55 亿欧元，交通运输领域 10.6 亿欧元，工业部门 8.6 亿欧元，能源部门 5.8 亿欧元。

第二，补贴与税收相结合，降低交通运输行业温室气体排放。财政补贴与税收政策是被各国广泛用来鼓励能源有效利用的政策工具。在交通运输行业，德国政府通过财政补贴与税收政策相结合的激励约束机制，鼓励居民使用电动汽车、自行车和铁路出行，鼓励发展替代燃料技术。从 2019 年 11 月起对购买电动汽车的消费者给予最高 6000 欧元的补贴，到 2030 年政府补贴建设 100 万个充电站，从 2021 年起以每年 10 亿欧元的投入加快地区公交电动化的更替，以及到 2030 年投入 860 亿欧元对全国铁路网进行电气化和智能化改造升级。此外，利用税收对居民消费的影响效应，引导居民绿色消费。对特定能源征收能源税是德国绿色税收制度改革方案的一部分。德国政府对 2021 年以后新购买的燃油车征收基于公里碳排放的汽车税；自 2020 年 1 月起，德国联邦政府为鼓励居民乘坐长途火车出行而不是乘坐飞机，将长途火车票价的增值税从 19% 永久性地降低到 7%，与此同时，调高了欧洲境内航班的增值税。

第三，推动能源转型，财政助力可再生能源开发推广。德国国内能源匮乏，优化能源结构和能源领域减排是德国实现"碳中和"的关键。近 10 年来，德国一直推行以可再生能源为主导的"能源转型"战略，把可再生能源和能效作为战略的两大支柱。"能源转型"战略共包括 4 方面目标：首先，以"效率优先"为原则，减少所有终端用能部门的能耗。其次，尽可能使用可再生能源。再其次，通过可再生能源发电来满足剩余的能源需求。联邦政府于 2020 年投入 70 亿欧元出台国家氢能源战略，发展气候友好型经济。并通过设立产业基金的方式，鼓励工业企业开发气候保护的创新技术，支持绿色氢能扩大市场。最后，通过《退煤法案》，设计退煤路线图，2022 年关闭 1/4 的煤电厂，2038 年全面退出燃煤发电。为此，2020 年 1 月，德国联邦政府与州政府就淘汰燃煤的条件谈判达成共识，将斥资 400 亿欧元，用来补贴淘汰燃煤地区因能源转型造成的损失。补贴包括给电厂运营商支付一定经济补偿，实现能源基础设施和电力系统的现代化；同时，为煤矿工人和电厂职工等提供再培训和就业重新安置，确保以社会可接受的方式实施公平转型。

第四，发挥绿色金融杠杆作用，加大对保障性住房的节能改造补贴。德国在建筑和住房领域增加对保障性住房的补贴，主要用于新建节能环保型住房或者对现有保障性住房进行的节能改造。德国于 2020 年 11 月 1 日生效的《建筑物能源法》明确用基于可再生能源有效运行的新供暖系统代替旧供暖系统。此外，国家政策性银行—德国复兴信贷银行—发挥了绿色金融杠杆效应和示范作用，通过设立联邦节能建筑基金长期为节能建筑和节能改造提供低利率信贷优惠支持政策。从贷款总额来衡量，德国复兴信贷银行计划项目是德国规模最大的建筑领域资助计划，资助范围包括建筑保温工程、供暖系统更新、可再生能源利用及德国复兴信贷银行所属的节能住宅项目的修建等。这些项目都必须严格遵守德国《建筑物能源法》中规定的最低标准。对于环保节能绩效好的项目，可以给予持续 10 年、贷款利率不到 1% 的优惠信贷政策，利率差额由联邦政府予以贴息补贴。

第五，增加气候保护研发资金投入，支持工业部门节能降耗技术升级改造。为促进气候保护，德国加大对能源技术领域的投资力度，联邦政府投入 100 亿欧元用于气候保护研发资助。同时，德国政府鼓励工业企业开发气候保护的创新技术，采用气候友好的生产技术降低能源和资源消耗。例如，2020 年德国联邦政府出台高技术气候保护战略、投入 70 亿欧元的国家氢能源战略，通过技术创新打造德国在世界范围内有竞争力的可持续发展。此外，在诸如碳捕集使用与封存技术、移动和固定式储能系统电池技术、材料节约型和资源节约型的循环经济技术等领域，德国联邦政府通过设立数十亿欧元产业基金的方式，进一步促进工业部门投入研发资金。

### 9.3.6　澳大利亚的绿色低碳发展政策

（1）澳大利亚加速发展低碳经济

澳大利亚于 2008 年发布《减少碳排放计划》政策绿皮书，提出了减碳计划的三大目标：减少温室气体排放，立即采取措施适应不可避免的气候变化，推动全球实施减排措施[194]。澳大利亚政府长期减排目标是 2050 年达到 2000 年气体排放的 40%，并于 2009 年出台具体法规，2010 年正式实施。

（2）澳大利亚绿色低碳转型发展的主要措施

第一，政策赋能，金融护航。碳中和目标要落地，首先就需要一套行之有效、上下一致且全面覆盖的政策体系。而在这方面，澳大利亚是世界上最早制定和实施综合环境保护框架的国家之一。自1974年颁布《环境保护法》以后，澳大利亚一直在环境标准制定方面发挥着示范引领作用，现已有100多项相关法案，积累了接近50年的丰富经验。同时，澳大利亚各州府机构亦在制订规划，旨在通过贸易与产业增长提高经济效益，让减碳成为市场自发自愿的行为。例如，悉尼、墨尔本、布里斯班和阿德莱德等多个城市和地区制订了低碳经济计划，希望在向低碳经济过渡的过程中创造经济效益，让减碳之路更加顺畅。

澳大利亚不断推出有效的环境政策与法规，各市场主体已非常成熟，涌现出了一批世界领先的平台和公司，在碳交易和气候金融方面摸索出了成功的路子。在碳交易上，集中向消费者供电的传统模式正在迅速向分布式发电转变，这主要通过在电力消费与生产之间交替转换的设施实现，如屋顶太阳能或并网储能电池。与此同时，碳信用额度正在从逐个项目的交易扩大至更大规模，用更系统的方法来连接买卖双方。

澳大利亚拥有先进的平台，可为新兴市场提供数据和交易功能。如Renewable Energy Hub 提供专业咨询服务，搭建平台提供能源与碳市场数据；Reputex 提供能源和碳市场定价与预测的实时信息；Xpansiv 经营全球性交易所，交易可再生能源额度、水权与分配、自愿性航空排放单位和可再生燃料。

在气候金融方面，2012年隶属于澳大利亚政府的清洁能源金融公司成立，通过投资引导市场应对最严峻的排放挑战，已承诺向250多个清洁能源和低排放项目提供超过103亿澳元的资金，总价值超过360亿澳元，加速澳大利亚向净零排放转变[195]。澳大利亚是公私合作伙伴关系（PPP）领域公认的领军者，无论是在工程行业，还是在金融、法律和经济咨询服务领域，其技术专长均得到广泛认可。政府在面对资金成本超过5000万澳元的项目时，会将 PPP 作为一种选择。此外，私营资本在澳大利亚气候融资中越来越活跃。2020 年，相较于仅为 2% 的市场整体增长率，责任投资资金增长了 30%，达到 12.8 亿澳元。政府与私营资本之间进行有益联动的经验，同样可为目前中国的碳中和市场提供借鉴。

第二，多样应用，风光无限。澳大利亚幅员辽阔，国土中大部分区域是沙漠，人口集中在沿海地区；同时，在能源禀赋上，煤炭储量和产量都比较高。2021 年可再生能源发电占澳大利亚发电总量的 32.5%，比 2020 年增长了近 5 个百分点。

澳大利亚的光伏行业拥有巨大的生产能力，光伏电池板的普及率也很高，2021 年 12.4% 的电力来自光伏发电。在技术方面，新南威尔士大学至今保持着太阳能转换效率的世界纪录，光电转化率超过 40%。而在光伏行业的热门领域开发和交付混合光伏技术，以便将光伏无缝整合到现有能源网络、运营系统或离网应用系统中，澳大利亚亦处于全球领先的位置。其中包括 Fulcrum3D 公司推出的云量测量与预测系统 CloudCAM，可预测太阳能光伏电站的短期功率波动，使太阳能装置更易接入到全球各地的网络中。

在澳大利亚人口相对密集的区域有着强劲的海岸风，为风力发电创造了绝佳条件，2021 年该国 11.7% 的电量来自风电。风电需要进行大量建模和网络设计工作，以确保电网稳定可靠。澳大利亚加快现场设计的一项创新技术是采用像 Fulcrum3D 公司推出的地面声波探测与测距等系统取代监测桅杆；在风场开发方面，Windlab Systems 公司推出了大气建模与风能评估工具 WindScape，可以在澳大利亚国内和全球范围内进行风电场选址，并高效开发高质量风电场。

为了配合高比例的可再生能源，电网侧的技术应用亦至关重要。其中，微电网可以帮助澳大利亚应对面临的诸多挑战，如快速上涨的电力成本、日益老化的基础设施及由于地域辽阔所产生的大范围供电服务需求。目前，在澳大利亚，太阳能和风能还大量应用于离网供电项目。这两种能源不仅适用于澳大利亚的绝大部分地区，而且可以随时与电池系统或储能解决方案相结合。

第三，自然城市，永续发展。澳大利亚拥有丰富多样的气候区，易受极端天气影响，如山火、洪水和飓风等。因此，他们在低碳净零排放的实践过程中，非常珍惜自然与城市环境。为了更加深入地保护本国环境，保障可持续发展，培养了多方面的能力和相关技术。其中，碳捕集利用和封存技术是重点。碳捕集利用和封存技术能够将二氧化碳从其他气体或污染物中分离出来，将其压缩后永久地封存于地质结构内，或利用其创造其他商业价值。国际能源署与联合国政府间气候变化专门委员会已经证实，将这一技术应用于现有能源资产对于实现全球气候目标至关重要，如不部署该技术则会让实现《巴黎协定》全球目标的成本翻倍。澳大利亚在 CCUS 技术领域基础雄厚，拥有适合储存二氧化碳的大量地质资源，有望储存超过 200 亿吨二氧化碳，同时澳大利亚世界领先的石油天然气行业积累了 CCUS 的专业知识，以及完善的政府监管框架。

澳大利亚社会高度城市化，政府非常重视城市的可持续发展与基础设施建设。在可持续城市与基础设施方面，澳大利亚是全球最成熟的绿色建筑市场之一。澳大利亚基础设施可持续发展理事会开发了一套综合评级系统，用于评估基础设施资产在规划、设计、建设及运营阶段所产生的经济、社会和环境效益，并开发了相应工具以辅助资产所有者及运营商开展相关工作。在对建筑设计和性能进行严格且有序的测量、评级、基准化管理下，澳大利亚在可持续基础设施领域经验丰富，并涌现出大量与城市可持续基础设施相关的技术与服务。

在交通运输领域，排放量占全球二氧化碳总排放量的比重超过 24%，主要源自运输过程中所消耗的化石燃料。因此，交通电气化及能够提升其使用效率的智能解决方案非常有助于碳减排。澳大利亚企业正在不断创新，大规模推广使用电动汽车以有效减少交通运输产生的碳排放。同时，交通电气化的预期增势对电力网络意义重大，澳大利亚电力市场运营商与发电公司、输电公司及电力零售商正在共同规划电力系统未来的发展，以满足交通电气化的需求。

## 9.4　绿色低碳经济发展的国际合作战略

### 9.4.1　绿色低碳经济发展国际合作的重大意义

（1）保护生态环境、应对气候变化，是全人类的共同责任

只有世界各国团结合作、共同努力，携手推进绿色可持续发展，才能维持地球生态整体平衡，守护好全人类赖以生存的唯一家园。中国站在对人类文明负责的高度，积极参与全球环境治理，向世界承诺力争于 2030 年前实现碳达峰、努力争取 2060 年前实现碳中和，以"碳达峰、碳中和"目标为牵引推动绿色转型，以更加积极的姿态开展绿色发展双多边国际合作，推动构建公平合理、合作共赢的全球环境治理体系，为全球可持续发展贡献智慧和力量。

国家发展改革委、外交部、生态环境部、商务部联合印发了《关于推进共建"一带一路"绿色发展的意见》，提出了进一步推进共建"一带一路"绿色发展，让绿色切实成为共建"一带一路"底色的总体要求，部署了绿色基础设施、绿色能源、绿色交通、绿色产业、绿色贸易、绿色金融、绿色科技、绿色标准和应对气候变化等绿色发展重点领域合作，明确了推进境外项目绿色发展、完善支撑保障体系、加强组织实施等重点任务，是推进绿色丝绸之路建设、推进共建"一带一路"高质量发展的重要依据和行动指引。

（2）推进共建"一带一路"绿色发展是践行绿色发展理念、推进生态文明建设的内在要求

习近平总书记多次强调，要把"一带一路"建设成为绿色之路，这与我国"五大发展理念"中的绿色发展理念、"五位一体"总体布局中的生态文明建设一脉相承、一以贯之。同时，推进共建"一带一路"绿色发展是积极应对气候变化、维护全球生态安全的重大举措。习近平主席出席第七十六届联合国大会一般性辩论并发表重要讲话，指出中国将大力支持发展中国家能源绿色低碳发展，不再新建境外煤电项目。推进共建"一带一路"

高质量发展是习近平总书记在第三次"一带一路"建设座谈会上指明的目标方向。推进共建"一带一路"绿色发展是推进共建"一带一路"高质量发展、构建人与自然生命共同体的重要载体。

### 9.4.2 绿色低碳经济发展国际合作的重点领域

（1）在政策沟通领域，支持标准对接和有效应对气候变化国际谈判

首先，积极参与国际绿色标准制定，加强与共建"一带一路"国家绿色标准对接，强化绿色标准在"走出去"中的支撑作用；其次，充分尊重共建"一带一路"国家的发展权益与战略自主，支持共建"一带一路"国家提高应对气候变化能力；最后，坚持多边合作，利用现有政府间多边、双边机制，积极寻求与共建"一带一路"国家应对气候变化"最大公约数"。

（2）在设施联通领域，推动基础设施、能源、交通绿色低碳转型

首先，加强绿色基础设施互联互通，不断提升基础设施运营、管理和维护过程中的绿色低碳发展水平，打造跨尺度、多层次、相互连接的绿色网络结构，提供全面的生态系统服务；其次，加强绿色能源合作，鼓励太阳能发电、风电等企业"走出去"，推动建成一批绿色能源最佳实践项目；最后，加强绿色交通合作，推广新能源和清洁能源车船等节能低碳型交通工具，助力共建"一带一路"国家发展绿色交通。

（3）在贸易畅通领域，提升产业合作绿色度，完善绿色供应链

提升产业合作中的绿色化程度，着力开展科技含量高、资源消耗低、环境污染少的示范性产业合作项目，鼓励企业赴境外设立聚焦绿色低碳领域的股权投资基金，推动共建"一带一路"国家向绿色经济转型。同时，加强绿色供应链国际合作与示范，支持绿色产品贸易蓬勃发展，大幅提升绿色生产、绿色采购和绿色消费等全生命周期绿色贸易水平。

（4）在资金融通领域，构建绿色金融与绿色产业有机结合模式

推进绿色金融创新，深化绿色产业合作，打造多层次的产融平台，通过多种金融工具发挥金融杠杆作用，支持和促进共建"一带一路"绿色发展。同时，在联合国、二十国集团等多边合作框架下，推广与绿色投融资相关的资源准则和最佳经验，促进绿色金融领域的能力建设。

（5）在民心相通领域，加强生态环保国际合作与交流

加强绿色科技合作，支持在绿色技术领域开展人文交流、联合研究、平台建设等合作。同时，规范企业境外环境行为，压实企业境外环境行为主体责任，指导企业严格遵守东道国生态环保相关法律法规和标准规范，树立中国企业良好国际形象。

### 9.4.3　绿色低碳经济发展国际合作的支撑保障

（1）统筹完善绿色发展支撑保障体系，为推进共建"一带一路"绿色发展提供重要支撑

首先，在资金支撑保障方面，有序推进绿色金融市场双向开放，鼓励金融机构和相关企业在国际市场开展绿色融资；其次，在合作平台支撑保障方面，积极搭建"一带一路"绿色发展政策对话和沟通平台，发挥"一带一路"能源合作伙伴关系、"一带一路"可持续城市联盟等合作平台作用；最后，在能力建设支撑保障方面，开展共建"一带一路"绿色发展专题培训，建设绿色丝绸之路新型智库，强化科技创新、人才培养、智力支撑等方面的能力建设保障。

（2）统筹加强组织实施，确保共建"一带一路"绿色发展重点任务及时落地见效

首先，在组织领导方面，加强党对共建"一带一路"绿色发展工作的集中统一领导，加强推进"一带一路"建设工作领导小组办公室对共建"一带一路"绿色发展工作的统筹协调和系统推进；其次，在宣传引导方面，不断加强和改进"一带一路"国际传播工作，讲好共建"一带一路"绿色发展"中国故事"；最后，在跟踪评估方面，加强共建"一带一路"绿色发展各项任务的指导规范，及时掌握进展情况，适时组织开展评估。

我国积极开展"一带一路"绿色发展政策对话，与共建国家及国际组织建立绿色低碳发展合作机制，搭建推动绿色发展的合作平台。目前，我国发布《关于推进绿色"一带一路"建设的指导意见》，与联合国环境规划署签署《关于建设绿色"一带一路"的谅解备忘录（2017—2022）》，与30多个国家及国际组织签署环保合作协议，与超过40个国家的150多个合作

伙伴建立"一带一路"绿色发展国际联盟。同时，中国积极落实全球发展倡议，推动建立全球清洁能源合作伙伴关系。与印度、巴西、南非、美国、日本、德国、法国及东盟等多个国家或地区开展节能环保、清洁能源、应对气候变化、生物多样性保护、荒漠化防治、海洋和森林资源保护等合作，推动联合国有关机构、亚洲开发银行、亚洲基础设施投资银行、新开发银行、全球环境基金、绿色气候基金、国际能源署、国际可再生能源署等国际组织在工业、农业、能源、交通运输、城乡建设等重点领域开展绿色低碳技术援助、能力建设和试点项目，为推动全球可持续发展做出了重要贡献。

## 9.5　本章小结

　　绿色经济包含着环境友好型经济、资源节约型经济、循环经济的取向和特征。关注和强化绿色经济对于当代中国具有非同一般的战略性价值。发展循环经济是落实科学发展观的具体实践，是全面实现小康社会目标的战略选择，是解决环境保护与经济发展矛盾、实施可持续发展战略的有效手段，是实现新型工业化的重要途径之一。我国已经在绿色发展道路上大步向前走，无论是经济、政治、文化、党建、生态、社会等各方面都在走向绿色化。低碳经济发展是全球共同的责任，各国应加强合作，共同应对气候变化等全球环境问题。通过建立绿色创新联盟、推动技术转让和知识共享等方式，促进国际绿色创新的合作与发展。此外，还需要形成一系列国际合作机制和规则，为各国间的绿色创新提供更好的政策环境和合作机会。

# 第 10 章　主要结论及研究展望

## 10.1　主要结论

本书借鉴国内外已有研究成果，拓展相关研究，依据低碳经济理论、可持续发展理论、碳排放演进阶段理论、区域经济空间结构演化理论及新经济地理学理论等，构建基于复杂适应系统的区域碳排放强度时空演进的研究框架，并且结合区域碳排放系统的复杂性及动态性，选择将碳排放强度作为碳减排的衡量指标，根据时间序列数据及省区市域空间面板数据，分角度、跨空间、多层次地对中国碳排放强度时空演进及其驱动机制进行多方位探讨，提出区域碳排放强度减排的政策组合体系与实施方法。通过以上理论研究和实证检验，主要研究结论及建议如下：

（1）中国碳排放强度时空分布差异明显

从碳排放强度时空分布的角度来看，中国碳排放强度呈现波动下降的态势，碳排放量和碳排放强度存在反向变化，整个时间段内碳排放强度波动幅度较小且基本维持在 4.0 以下；中国的碳排放强度呈现从东南沿海向西北内陆递增的空间分布特征，碳排放强度的省区市差异十分显著。研究期间，中国各省区市之间碳排放强度差异巨大，其中有 15 个省区市的碳排放强度超出全国碳排放强度的平均水平，说明目前中国降低碳排放强度的压力依然很大。高碳排放强度区域主要集中在新疆、甘肃、宁夏、陕西等西北部省区市，这些省区市大多处于丝绸之路经济带；低碳排放强度区域主要集中在江苏、上海、浙江、福建、广东等东南沿海的省区市，而且所包含的省区市也主要分布在海上丝绸之路的起点。碳排放强度的空间分布变化趋势与目前中国"一带一路"实行的区域划分思想相吻合。

　　从区域差异来看，碳排放强度的绝对差异将逐渐缩小，各地区碳排放强度的相对差异呈现上升趋势。研究期间碳排放强度的总体差异主要来源于区域内省际碳排放强度的差异。同时，在五大经济区域的内部差异中，对总体碳排放强度差异影响最大的是京津冀地区，其差异远高于东北经济区、丝绸之路经济带及长江经济带地区；丝绸之路经济带内部所含省区市碳排放强度差异对总体碳排放强度差异的影响正在不断增大；而东北经济区及长江经济带所含的省区市碳排放强度的区域差异较低且波动幅度也较小；21世纪海上丝绸之路经济带碳排放强度的泰尔指数贡献率影响不大。根据碳排放强度空间分布划分出五大经济区域，研究发现中国碳排放强度的区域内部的差异远远大于区域间的差异。近年来，中国政府实施了一系列的区域经济发展政策，如中部地区的崛起及东北老工业基地的振兴等，促使长江经济带、东北经济区和21世纪海上丝绸之路经济带所包含各省区市之间经济发展及工业化水平差距趋于缩小，从而促使这些区域内的省际碳排放强度呈现趋同的下降态势，但丝绸之路经济带及京津冀地区所含各省区市碳排放强度并未出现明显的追赶效应。因此，如果要缩小中国碳排放强度的区域差异，需要重点监测和防控丝绸之路经济带及京津冀地区所含各省区市碳排放强度的变动状况。

　　在碳减排政策的制定过程中，应该充分考虑区域差异性和统一性。对于21世纪海上丝绸之路经济带、长江经济带等区域差异小、产业结构类似的省区市，可以采取统一的碳减排调控政策；而京津冀经济区、丝绸之路经济带等区域碳排放强度差异较大，虽然采取统一的碳减排政策可以节约成本，但是由于地区差异使得碳减排效果大打折扣，因此，根据该区域各省区市经济发展的阶段及与邻近省区市碳排放强度空间关联，找到促进经济低碳转型的可行路径，制定针对性更强的区域协同减排的组合政策。

　　（2）中国碳排放强度时空的集聚与分异并存

　　中国30个省区市的碳排放强度并不是呈现为完全随机的时空分布状态，而是具有显著的空间相关性。各个省区市与其相邻地区碳排放强度变动产生交互作用，因此，碳排放强度高的地区与其相邻地区产生相对高值集聚区域，同时碳排放强度低的省区市与其相邻地区产生相对低值集聚区域。中国碳排放强度的时空变迁受到了空间关联性因素比较的强烈影响，需要将影响因素的时空溢出性纳入区域碳排放强度减排的相关研究。同时，中国碳排放强度水平相近的省区市空间集聚具有一定的波动性并最终收敛于共同稳态水平。中国碳排放强度时空跃迁测度结果表明，中国省区市碳排放强度的空间分布具有一定的"空间锁定"或"路径依赖"特征；而碳排放强度较低省区市的集聚程度有进一步增强的趋势。目前，中国实施的节能减排和产业结构优化政策已经取得了一定的成效，低碳排放强度的省区市数量比较多，碳排放强度的空间集聚整体上呈现出逐渐优化的态势。同时，内蒙古、宁夏、山西和甘肃等高碳排放强度空间集聚地区辐射作用非常明显，这些地区是实施碳排放强度减排工作的重点。这些省区市存在着经济发展水平相对落后，或能源结构不合理及能源利用效率比较低等一系列问题，甚至该地区高碳排放强度的状态将会对相邻近省区市产生辐射作用，因此，需要进一步地加强对这些省区市碳排放强度的监测及治理工作。

　　（3）中国各省区市碳排放强度收敛的路径差异

　　在中国特有的梯度经济发展模式下，各地区经济增长与碳排放水平具有高度的相关性，同时，经济发展相对落后的地区在追赶经济发达地区的进程中，碳排放强度的地区间差距呈现先扩大后缩小的趋势。由于各省区市碳排放强度的空间相关性，因此各省区市碳排放强度时空演进中呈现出"俱乐部"式的异质性收敛态势，并且各收敛区域满足 EKC 同质性假设要求，因此估计结果更加稳定。目前中国不同分异区域碳排放强度的拐点及抵达峰值的时间差异仍然比较明显。如果在"十三五"期间中国经济增长率能够满足政府预期的 6.5% 目标，分异区域碳排放强度 EKC 模型估计结果显示中国将在 2020 年实现碳排放强度与经济增长的"脱钩"，其中北京、广东、海南、福建、浙江、重庆、江苏、湖南、天津、上海与山西等 11 个省区市已经抵达碳排放强度 EKC 拐点，碳排放强度达到峰值后趋于减少，约占全国省区市数量的 37%，这些省区市将成为推动中国 2030 年碳排放总量达峰目标的重要区域；19 个省区市还没有达到碳排放强度 EKC 的拐点，约占全国省区市数量的 63%，这些省区市将成为中国 2030 年碳排放总量达峰目标的关键治理区域。从各分异区域碳排放强度 EKC 的拐点来看，中国政府应考虑采取更加积极有效的措施推动碳排放 EKC 变动趋于平缓。对于经济发展基础比较薄弱及具有后发优势的省区市，可以通过政策引导及约束方式，从根本上扭转经济增长所带来的环境恶化的不利局面。对于经济发展基础比较雄厚而且要素禀赋充裕的省区市，可以考虑通过技术创新政策进一步强化新能源开发技术的应用，不断推动高碳排放产业实现绿色低碳转型发展[189]；同时，对于经济发展相对滞后的高碳排放省区市，可以考虑通过建设低碳排放产业发展基地，实现集约式与低碳绿色经济发展模式的转型。

（4）中国碳排放强度的影响因素存在时空溢出效应

一个地区的碳排放强度与邻近地区碳排放强度及其驱动因素存在一定的空间相关性。地理位置相邻近的地区之间由于对外开放、人员流动、技术溢出等要素的流动，进一步影响相邻地区碳排放强度的变动。因此，制定合理的区域碳减排政策时，有必要对碳排放强度影响因素的时空溢出性展开研究。中国碳排放强度影响因素产生空间溢出效应的地区存在较大差异，同时，各驱动因素对各省区市碳排放强度变动的影响存在阶段性特征。由此，实现政府提出的"2030 年单位 GDP 二氧化碳排放量比 2005 年下降 60%～65%的碳排放强度减排目标，二氧化碳排放在 2030 年左右达到峰值并争取尽早达到峰值（《国家自主贡献方案》，2015 年）"及"中国将在 2050 年实现环境污染库兹涅茨曲线的转折（《中国可持续发展总纲》，2007 年）"低碳经济转型的总体规划目标，需要结合中国碳排放强度时空演进影响因素的时空溢出性，进而采取分区域有重点的碳排放强度减排调控措施[164]。政府可以考虑通过扩大本地区对外开放的水平，增加本地区的人均收入，碳中和城市的规划与建设及提高能源的使用效率等方式，保持本地区低碳排放强度状态的稳定性，进而优化产业结构，提升该类省区市对相邻省区市技术溢出的辐射作用，促进生态要素在产业间及地区间进行合理配置与流动，进而实现区域碳减排的目标[190]。

　　中国已成为二氧化碳排放的第一大国。面对气候变暖给中国带来的不利影响，中央政府在减排任务分配上应结合中国碳排放强度减排目标的总体要求，重视各省区市之间的经济关联；考虑以分布式系统架构为基础，融合地理空间信息技术和网络分布式处理技术，充分考虑碳排放强度的时空分异状况，构建基于 Web 浏览器的碳排放强度预警决策 GIS 系统，利用数据库存储不同城市的地理信息，进而实现碳排放数据的实时查询与更新；通过分析各输入系统中的环境监测数据，评测各省区市碳排放强度变动及空间分布情况，关注碳排放强度局部集聚区，将各省区市碳排放强度的变动控制在可接受的范围内。根据地理分布信息反馈的结果，了解中国各省区市经济增长及碳排放的来源，实现分区域、有重点的碳排放监控及应急管理，进一步提高各区域碳减排预警决策的效率。

## 10.2　研究展望

　　根据低碳转型发展的目标，在梯度经济发展状况下实现碳排放强度减排是一个复杂的系统优化过程，涉及经济发展、环保技术、法律监督、能源消耗等诸多领域。基于数据采集的难度和现有方法的局限，还有很多问题需要进一步深入分析。首先，在碳排放量估算方法的完善方面，本书主要以原油、焦炭、天然气、原煤等八大主要化石能源的消耗量作为碳排放来源，而实际上工业生产和土地利用等也都存在着碳排放问题。后续可以从产业以及行业角度对碳排放的来源进一步分解研究，从而获取更加完整的碳排放数据。其次，在中国碳排放强度变动趋势的预测方面，虽然通过数值模拟验证方法取得预测数据具有一定的说服力，但是实际数据的变动仍然可能存在一定的误差。中国目前处于经济发展的转型阶段，在此期间中国经济增长速度仍然具有一定的不确定性，因此，在未来的经济发展过程中，如果全球经济出现重大的经济波动，或者中国政府对经济发展政策作出重大调整，将导致经济增长速度与政府预期相偏离。因此，如何对中国碳排放强度及碳排放总量的数值和拐点进行更为准确的预测，特别是政府政策影响的不确定性将如何影响中国碳排放强度的变动，均有待在后续研究中继续探讨。再其次，在多元化的经济发展背景下，碳排放强度的影响因素也在不断地增加。鉴于有关影响因素的数据可获得性，本书选取 8 个常用指标变量，最终对策将仅限于选定的变量。所以，随后的相关研究需要继续扩大数据采集的渠道，尽可能纳入更多的碳排放强度影响因素，完善目前碳排放强度驱动因素的研究。最后，碳减排政策制定与实施是一个长期而且复杂的过程，中国目前还处于低碳经济转型的探索阶段。本书基于实证分析的相关结论主要从宏观角度提出了相应的对策建议，后续的相关研究需要更多地关注国家碳减排新政策及区域经济发展政策，更多地从微观角度上提出区域碳减排的行动方案。

# 参考文献

［1］ CRAIG R K，MILLER S. Climate change，sustainable development，and the IPCC's Fifth assessment report ［J］. Social Science Electronic Publishing，2015 (7)：1—20.

［2］ 秦大河，STOCKER T. IPCC 第五次评估报告第一工作组报告的亮点结论 ［J］. 气候变化研究进展，2014，10 (1)：1—6.

［3］ GODARD O. The stern review on the economics of climate change：contents，insights and assessment of the critical debate ［J］. Sapiens，2008，1 (1)：49—58.

［4］ 牛文元. 可持续发展理论的内涵认知：纪念联合国里约环发大会 20 周年 ［J］. 中国人口·资源与环境，2012，22 (5)：9—14.

［5］ 周大地，高翔. 应对气候变化是改善全球治理的重要内容 ［J］. 中国科学院院刊，2017，32 (9)：1022—1028.

［6］ 柴麒敏，安国俊，钟洋. 全球气候基金的发展 ［J］. 中国金融，2017 (12)：51—52.

［7］ OOMS G，PAS R V D，DECOSTER K，et al. Thinking out of the box：a green and social climate fund：comment on politics，power，poverty and global health：systems and frames ［J］. International Journal of Health Policy & Management，2017，6 (9)：535—538.

［8］ 庞建峰. 我国发展低碳经济的必要性和途径探析 ［J］. 环境研究与监测，2016 (3)：37—40.

［9］ 朱孟珏，庄大昌. 1990—2015 年世界能源时空演变特征研究 ［J］. 中

国人口·资源与环境，2017，27（5）：63—71.

[10] 何建坤，刘滨. 作为温室气体排放衡量指标的碳排放强度分析 [J]. 清华大学学报（自然科学版），2004，44（6）：740—743.

[11] 张陶新. 全球碳排放的区域差异与收敛性分析 [J]. 世界地理研究，2013，22（2）：27—33，51.

[12] 李新，王海滨，陈朝镇，等. 中国电力能源碳排放强度的时空演变及省际间差异性 [J]. 干旱区资源与环境，2015，29（1）：43—47.

[13] TSAI S F. Analysis of influencing factors on regional carbon emission intensity in China based on empirical research with provincial panel data [J]. Journal of Sustainable Development，2014，7（3）：83—95.

[14] 魏下海，余玲铮. 空间依赖、碳排放与经济增长：重新解读中国的EKC 假说 [J]. 探索，2011（1）：100—105.

[15] 辜胜阻，曹誉波，王敏. 跨越"中等收入陷阱"的路径选择 [J]. 商业经济研究，2012（14）：4—5.

[16] 董炜. 低碳转型趋势下中国能源消费结构优化研究 [D]. 武汉：武汉大学，2017.

[17] SUN X，ZHANG K. The empirical analysis on influence factors of carbon emission intensity in China [J]. Statistical Research，2014，31（2）：61—67.

[18] 厉以宁，朱善利，罗来军，等. 低碳发展作为宏观经济目标的理论探讨：基于中国情形 [J]. 管理世界，2017（6）：1—8.

[19] 胡鞍钢，鄢一龙，张君忆，等. 中国碳排放趋势：从相对减排到绝对减排（1990—2050 年）[C] //国情报告第十八卷，2017：550—567.

[20] 国家发改委能源研究所"重塑能源"课题组. 重塑能源：面向 2050 年的中国能源消费和生产革命路线图 [J]. 经济研究参考，2016（21）：3—14.

[21] ALI H，MARLENE A，JOSE C R C，et al. Comparison of carbon

dioxide emissions intensity of steel production in China，Germany，Mexico，and the United States [J]. Resources，Conservation & Recycling，2016 (113)：127－139.

[22] 孙传旺，刘希颖，林静. 碳强度约束下中国全要素生产率测算与收敛性研究 [J]. 金融研究，2010 (6)：17－33.

[23] 赵云泰，黄贤金，钟太洋，等. 1999—2007 年中国能源消费碳排放强度空间演变特征 [J]. 环境科学，2011，32 (11)：3145－3152.

[24] 肖宏伟，易丹辉，周明勇. 中国工业经济发展与碳排放脱钩关系研究 [J]. 福建论坛（人文社会科学版），2013 (3)：56－62.

[25] 张珍花，方勇，侯青. 我国碳排放水平的区域差异及影响因素分析 [J]. 经济问题探索，2011 (11)：90－97.

[26] 杨源，蔡闻佳，王灿，等. 基于聚类分析的碳强度目标分解研究 [J]. 气候变化研究进展，2012，8 (4)：278－284.

[27] 涂正革，谌仁俊. 中国碳排放区域划分与减排路径：基于多指标面板数据的聚类分析 [J]. 中国地质大学学报（社会科学版），2012，12 (6)：7－13，136.

[28] 张先锋，韩雪，张庆彩. 基于偏最小二乘模型的碳排放区域差异及影响因素的实证分析 [J]. 工业技术经济，2013，32 (7)：100－109.

[29] 杨骞，刘华军. 中国二氧化碳排放的区域差异分解及影响因素：基于1995—2009 年省际面板数据的研究 [J]. 数量经济技术经济研究，2012，29 (5)：36－49，148.

[30] 唐建荣，王清慧. 基于泰尔熵指数的区域碳排放差异研究 [J]. 北京理工大学学报（社会科学版），2013，15 (4)：21－27.

[31] 孙耀华，仲伟周，庆东瑞. 基于 Theil 指数的中国省际间碳排放强度差异分析 [J]. 财贸研究，2012，23 (3)：1－7.

[32] 刘华军，赵浩. 中国二氧化碳排放强度的地区差异分析 [J]. 统计研究，2012，29 (6)：46－50.

[33] 卢俊宇，黄贤金，戴靓，等. 基于时空尺度的中国省级区域能源消费碳排放公平性分析 [J]. 自然资源学报，2012，27（12）：2006-2017.

[34] 杨俊，王佳，张宗益. 中国省际碳排放差异与碳减排目标实现：基于碳洛伦兹曲线的分析 [J]. 环境科学学报，2012，32（8）：2016-2023.

[35] 佟昕. 我国区域碳排放的收敛性研究 [J]. 东北大学学报（社会科学版），2017，19（4）：364-370.

[36] 陈欢，朱清源，辛路. 京津冀地区经济增长与能源碳排放关系研究：基于脱钩理论的应用分析 [J]. 价格理论与实践，2016（12）：180-183.

[37] 许广月. 碳排放收敛性：理论假说和中国的经验研究 [J]. 数量经济技术经济研究，2010（9）：31-42.

[38] KUNTSI-REUNANEN E, LUUKKANEN J. Greenhouse gas emission reductions in the post-Kyoto period：emission intensity changes required under the "contraction and convergence" approach [J]. Natural Resources Forum，2006，30（4）：272-279.

[39] JOBERT T, KARANFIL F, TYKHONENKO A. Convergence of per capita carbon dioxide emissions in the EU：legend or reality? [J]. Energy Economics，2010，32（6）：1364-1373.

[40] Aldy J E. Per capita carbon dioxide emissions：convergence or divergence? [J]. Environmental & Resource Economics，2006，33（4）：533-555.

[41] SEFA A C, JOHN I, KRIS I. Conditional convergence in per capita carbon emissions since 1900 [J]. Applied Energy，2018，228：916-927.

[42] 张志强，曾静静，曲建升. 世界主要国家碳排放强度历史变化趋势及相关关系研究 [J]. 地球科学进展，2011，26（8）：859-869.

[43] TALMONGROS L. Convergence：theory, econometrics, and empirics [J]. Contributions to Economics，2014：29-79.

[44] SUN J，SU C W，SHAO G. Is carbon dioxide emission convergence in the ten largest economies？[J]. International Journal of Green Energy，2016，13（5）：454—461.

[45] GROSSMAN G M，KRUEGER A B. Economic growthand the environment [J]. Nber Working Papers，1995，110（2）：353—377.

[46] 邓晓兰，鄢哲明，武永义. 碳排放与经济发展服从倒 U 型曲线关系吗：对环境库兹涅茨曲线假说的重新解读 [J]. 财贸经济，2014（2）：19—29.

[47] 邹庆，陈迅，吕俊娜. 经济与环境协调发展的模型分析与计量检验 [J]. 科研管理，2014，35（12）：175—182.

[48] 赵爱文，李东. 中国碳排放的 EKC 检验及影响因素分析 [J]. 科学学与科学技术管理，2012，33（10）：107—115.

[49] 冯烽，叶阿忠. 中国的碳排放与经济增长满足 EKC 假说吗：基于半参数面板数据模型的检验 [J]. 预测，2013，32（3）：8—12.

[50] 魏下海，余玲铮. 空间依赖、碳排放与经济增长：重新解读中国的 EKC 假说 [J]. 探索，2011（1）：100—105.

[51] 左文鼎. 二氧化碳排放库兹涅茨曲线（EKC）在中国的检验 [J]. 统计与决策，2014（11）：22—24.

[52] 赵桂梅，陈丽珍. 非线性视域下工业污染排放的 EKC 检验 [J]. 工业技术经济，2015，34（8）：12—17.

[53] 王晨. 基于聚类分析的我国经济增长与环境质量关系研究 [D]. 重庆：重庆师范大学，2012.

[54] 余东华，张明志. "异质性难题" 化解与碳排放 EKC 再检验：基于门限回归的国别分组研究 [J]. 中国工业经济，2016（7）：57—73.

[55] FAN Y，LIANG Q M，WEI Y M，et al. A model for China's energy requirements and $CO_2$，emissions analysis [J]. Environmental Modelling & Software，2007，22（3）：378—393.

[56] TIMILSINA G R, SHRESTHA A. Biofuels: markets, targets and impacts [J]. policy research working paper, 2010, 31 (5): 1—49.

[57] GINGRICH S, KUŠKOVÁ P, STEINBERGER J K. Long-term changes in CO$_2$ emissions in Austria and Czechoslovakia—identifying the drivers of environmental pressures [J]. Energy Policy, 2011, 39 (2): 535—543.

[58] 陈春华, 路正南. 我国碳排放强度的影响因素及其路径分析 [J]. 统计与决策, 2012 (2): 96—98.

[59] 王锋, 冯根福, 吴丽华. 中国经济增长中碳强度下降的省区贡献分解 [J]. 经济研究, 2013 (8): 143—155.

[60] 王佳, 杨俊. 中国地区碳排放强度差异成因研究: 基于 Shapley 值分解方法 [J]. 资源科学, 2014, 36 (3): 557—566.

[61] GREENING L A, DAVIS W B, SCHIPPER L. Decomposition of aggregate carbon intensity for the manufacturing sector: comparison of declining trends from 10 OECD countries for the period 1971—1991 [J]. Energy Economics, 1998, 20 (1): 43—65.

[62] 肖皓, 杨佳衡, 乔晗. 需求侧全球碳排放强度的度量及分解 [J]. 系统工程理论与实践, 2015, 35 (7): 1646—1656.

[63] DAVIDSDOTTIR B, FISHER M. The odd couple: the relationship between state economic performance and carbon emissions economic intensity [J]. Energy Policy, 2011, 39 (8): 4551—4562.

[64] 郑欢, 李放放, 方行明. 规模效应、结构效应与碳排放强度: 基于省级面板数据的经验研究 [J]. 管理现代化, 2014 (1): 54—56.

[65] 张友国. 经济发展方式变化对中国碳排放强度的影响 [J]. 经济研究, 2010 (4): 120—133.

[66] 唐建荣, 郜旭东, 张白羽. 基于系统动力学的碳排放强度控制研究 [J]. 统计与决策, 2012 (9): 63—65.

[67] 周五七, 聂鸣. 中国碳排放强度影响因素的动态计量检验 [J]. 管理

科学，2012，25（5）：99—107.

[68] 仲伟周，张金灿，南士敬．中国碳排放强度的驱动因素、区域差异及变化趋势分析［J］．科技进步与对策，2014（21）：27—31.

[69] 吴玉鸣．中国省域碳排放异质性趋同及其决定因素研究：基于变参数面板数据计量经济模型的实证［J］．商业经济与管理，2015（8）：66—74.

[70] 郑长德，刘帅．基于空间计量经济学的碳排放与经济增长分析［J］．中国人口·资源与环境，2011，21（5）：80—86.

[71] 林伯强，黄光晓．梯度发展模式下中国区域碳排放的演化趋势：基于空间分析的视角［J］．金融研究，2011（12）：35—46.

[72] 李丹丹，刘锐，陈动．中国省域碳排放及其驱动因子的时空异质性研究［J］．中国人口·资源与环境，2013，23（7）：84—92.

[73] 许海平．空间依赖、碳排放与人均收入的空间计量研究［J］．中国人口·资源与环境，2012，22（9）：149—157.

[74] 马大来，武文丽，董子铭．中国工业碳排放绩效及其影响因素：基于空间面板数据模型的实证研究［J］．中国经济问题，2017（1）：121—135.

[75] 冯宗宪，陈志伟．区域能源碳排放与经济增长的脱钩趋势分析［J］．华东经济管理，2015，29（1）：50—54.

[76] 付云鹏，马树才，宋琪．中国区域碳排放强度的空间计量分析［J］．统计研究，2015，32（6）：67—73.

[77] TOMÁS B R，SANDRA C，SARA M P，et al. How are new sustainable development approaches responding to societal challenges? ［J］. Sustainable Development，2018，26（2）：117—121.

[78] 牛文元，马宁，刘怡君．可持续发展从行动走向科学：《2015 世界可持续发展年度报告》［J］．中国科学院院刊，2015，30（5）：573—585.

[79] 刘毅．论邓小平经济发展思想与中国经济可持续发展战略［J］．经济评论，1999（2）：32—35.

[80] 洪银兴. 以创新的经济发展理论阐释中国经济发展 [J]. 中国社会科学, 2016 (11)：28－35.

[81] 王强. 发展中国家经济社会与能源环境协调发展研究 [D]. 长春：吉林大学, 2016.

[82] 周宏春. 以循环经济的思路实现能源与环境的协调发展 [J]. 管理学报, 2008, 5 (5)：633－636.

[83] 夏菁. 典型国家工业化进程中经济社会与能源环境协调发展研究 [D]. 长春：吉林大学, 2015.

[84] 陈立良. 实施可持续发展战略 为经济增长与环境保护协调发展而努力 [J]. 能源环境保护, 1997 (4)：4－7.

[85] 王金南, 陈潇君, 宁淼, 等. 中国中长期能源发展的环境挑战与战略对策 [J]. 中国工程科学, 2011, 13 (6)：19－24.

[86] PEARCE D. Cost benefit analysis and environmental policy [J]. Oxford Review of Economic Policy, 1998, 14 (4)：84－100.

[87] FANG S J. Taking a new look at the development of low-carbon economy from the perspective of green economy [J]. China Population Resources & Environment, 2010, 20 (4)：8－11.

[88] 赵卓, 肖利平. 发展低碳经济的技术创新瓶颈与对策 [J]. 中国科技论坛, 2010 (6)：41－46.

[89] 胡冰. 加快推进我国产业结构低碳转型的产业经验与路径选择 [J]. 理论探讨, 2017 (1)：76－80.

[90] 张希良. 低碳发展转型与能源管理 [J]. 科学观察, 2019, 14 (4)：49－52.

[91] 高大伟. 中国科技创新与低碳经济的协调发展研究 [J]. 技术经济与管理研究, 2015 (7)：34－37.

[92] CHEN S. The abatementof carbon dioxide intensity in China：factors decomposition and policy implications [J]. World Economy, 2011,

34（7）：1148—1167.

[93] HRYNIEWICZ J T. Core-periphery：an old theory in new times [J]. European Political Science，2014，13（3）：235—250.

[94] NANAKO F. Myrdal's theory of cumulative causation [J]. Evolutionary & Institutional Economics Review，2007，3（2）：275—284.

[95] THOMAS M D. Growth pole theory，technological change，and regional economic growth [J]. Papers in Regional Science，1975，34（1）：3—25.

[96] HERNE K. Decoy alternatives in policy choices：asymmetric domination and compromise effects [J]. European Journal of Political Economy，1997，13（3）：575—589.

[97] 贾林娟. 全球低碳经济发展与中国的路径选择 [D]. 大连：东北财经大学，2014.

[98] BROCK W A，TAYLOR M S. The green solow model [J]. Journal of Economic Growth，2010，15（2）：127—153.

[99] CHEN S H，DEVRAJ A，BERSTEIN A，et al. Revisiting the ODE method for recursive algorithms：fast convergence using Quasi stochastic approximation [J]. Journal of Systems Science & Complexity，2021，34（5）：1681—1702.

[100] HERO M，MARTIJN J B，NOORHADI R，et al. Impacts of forestation on the annual and seasonal water balance of a tropical catchment under climate change [J]. Forest Ecosystems，2021，8（4）：856—871.

[101] 杨冕，侯雅如，段宏波. 节能目标约束对中国工业部门绿色生产率的影响研究 [J]. 计量经济学报，2022，2（1）：179—193.

[102] 杜祥琬，杨波，刘晓龙，等. 中国经济发展与能源消费及碳排放解耦分析 [J]. 中国人口·资源与环境，2015，25（12）：1—7.

[103] 乔健，吴青龙. 中国碳排放强度重心演变及驱动因素分析 [J]. 经济问题，2017（8）：63—67.

[104] GROSSMAN G M，ROGOFF K S. Handbook of international economics [J]. Kenneth Rogoff，2002，3（6）：1559—1588.

[105] 赵桂梅. 区域经济发展对生态环境质量的动态影响实证研究 [J]. 生态经济，2014，30（3）：100—102.

[106] 安虎森. 增长极理论评述 [J]. 南开经济研究，1997（1）：31—37.

[107] ISSERMAN A M，MERRIFIELD J D. Quasi-experimental control group methods for regional analysis：an application to an energy boomtown and growth pole theory [J]. Economic Geography，1987，63（1）：3—19.

[108] 王缉慈. 增长极概念、理论及战略探究 [J]. 经济科学，1989（3）：55—60.

[109] 李仁贵. 增长极理论的形成与演进评述 [J]. 经济思想史评论，2006（1）：209—234.

[110] KOLUPA M. On a certain way of determining assessments of the structural parameters of a select econometric model [J]. 1997，44（1）：26—38.

[111] 萧高励. 缪尔达尔的结构主义经济发展理论 [J]. 经济学动态，1988（5）：47—49.

[112] HORDIJK L，PAELINCK J. Some principles and results in spatial econometrics [J]. Recherches Économiques De Louvain，1976，42（3）：175—197.

[113] ANSELIN L. Spatial econometric：methods and models [J]. Journal of the American Statistical Association，1990，85（411）：160.

[114] 许建生. 基于非均质空间的经济区域形成研究 [D]. 天津：南开大

学，2009.

[115] 樊杰，刘汉初.“十三五”时期科技创新驱动对我国区域发展格局变化的影响与适应 [J]. 经济地理，2016，36（1）：1—9.

[116] 闫浩文. 空间方向关系的概念、计算和形式化描述模型研究 [D]. 武汉：武汉大学，2001.

[117] SCHERNGELL T，FISCHER M M，REISMANN M. Total factor productivity effects of interregional knowledge spillovers in manufacturing industries across Europe [J]. Romanian Journal of Regional Science，2007，1（1）：1—16.

[118] 高翔. 集聚经济与地区收入差异研究 [D]. 南京：南京师范大学，2015.

[119] LU Y Q. The Mechanism of the model of dual-nuclei structure [J]. Acta Geographica Sinica，2002，57（1）：85—95.

[120] GAN L，CAO G，FENG C. Measuring the potential of city location and picturing regional dual-nuclei structure with gravity model：evidence from Jinan-Qingdao in Shandong province [J]. Areal Research & Development，2016（5）：34—41.

[121] 刘鹤. 加快构建以国内大循环为主体国内国际双循环相互促进的新发展格局 [J]. 资源再生，2021（9）：51—54.

[122] 王艺明，刘一鸣. 马克思主义两大部类经济增长模型的理论与实证研究 [J]. 经济研究，2018，53（9）：39—53.

[123] 费利群. 马克思世界市场理论的全球化思想及其当代价值 [J]. 经济纵横，2010（7）：7—12.

[124] JUNG K，GEBAUER G，GEHRE M，et al. Anthropogenic impacts on natural nitrogen isotope variations in Pinus Sylvestris Stands in an industrially polluted area [J]. Environmental Pollution，1997，97（1—2）：175—181.

[125] 范剑勇，张涛．结构转型与地区收敛：美国的经验及其对中国的启示 [J]．世界经济，2003（1）：42—48．

[126] 张发余．转型时期构建区域创新系统应该注意的几个问题 [J]．现代经济探讨，2000（12）：29—31．

[127] 张世俊，邓峰．多渠道国际技术溢出效应的区域差异性研究 [J]．科学学研究，2019，37（5）：826—832．

[128] GLAESER E L，KOHLHASE J E. Cities，regions and the decline of transport costs [J]. Social Science Electronic Publishing，2003，83（1）：197—228．

[129] KIM D H，LIN S C. Natural resources and economic development：new panel evidence [J]. Environmental & Resource Economics，2017，42（47）：1—29．

[130] KWAN M P，NEUTENS T. Space—time research in GI science [J]. International Journal of Geographical Information Science，2014，28（5）：851—854．

[131] 李方一，刘卫东．"十二五"能源强度指标对我国区域经济发展的影响 [J]．中国软科学，2014（2）：100—110．

[132] 谢莉娟．中国特色流通理论的回顾与展望 [J]．中国社会科学评价，2022（4）：85—94．

[133] 陈文玲．现代流通的形态变革与理论重构 [J]．学术前沿，2022（7）：78—101．

[134] 赵桂梅，陈丽珍．一类突变条件下的产业系统的演进研究 [J]．产业经济评论，2016（2）：17—24．

[135] HE X，OU S Q，GAN Y，et al. Greenhouse gas consequences of the China dual credit policy [J]. Nature Communications，2020，11（1）：5212—5212．

[136] 王安静，冯宗宪，孟渤．中国 30 省份的碳排放测算以及碳转移研究

［J］.数量经济技术经济研究，2017，34（8）：89—104.

[137] TOUFIQ A S，罗天祥.亚洲化石燃料利用所产生的二氧化碳排放：总的看法［J］.AMBIO-人类环境杂志，1996，25（4）：228—231.

[138] 程叶青，王哲野，张守志，等.中国能源消费碳排放强度及其影响因素的空间计量［J］.地理学报，2013，68（10）：1418—1431.

[139] 王雪青，陈媛，刘炳胜.中国区域房地产经济发展水平空间统计分析：全局 Moran's I，Moran 散点图与 LISA 集聚图的组合研究［J］.数理统计与管理，2014，33（1）：59—71.

[140] REY S J，JANIKAS M V. STARS：Space-time analysis of regional systems［J］.Geographical analysis，2006，38（1）：91—112.

[141] PHILLIPS P C B，SUL D. Transition modeling and econometric convergence tests［J］.Econometrics，2007，75（6）：1771—1855.

[142] PEI S C，LIN C N. Simulation of dispersion in heterogeneous porous formations：statistics，first-Order theories，convergence of computations［J］.Water Resources Research，1992，28（9）：2211—2227.

[143] ZHANG Y Q，YANG G R. Estimation of partially specified spatial panel data models with random-effects［J］.Acta Mathematica Sinica，2015，31（3）：456—478.

[144] ANSELIN L. Spatial effects in econometric practice in environmental and resource economics［J］.American Journal of Agricultural Economics，2001，83（3）：705—710.

[145] REY S J. Spatial empirics for economic growth and convergence［J］.Geographical Analysiss，2001，33（3）：195—214.

[146] 刘永伟.基于空间统计的中国碳排放时空动态研究［D］.徐州：中国矿业大学，2014.

[147] 张玲玲，沈家耀.中国水足迹强度时空格局演变与驱动因素分析［J］.统计与决策，2017（17）：143—147.

[148] 李国平，王春杨. 我国省域创新产出的空间特征和时空演化：基于探索性空间数据分析的实证 [J]. 地理研究，2012，31（1）：95—106.

[149] MARKOV A A. Extension of the law of large numbers to dependent events [J]. 1906，2（1）：65—81.

[150] PHILIPS D，SHI Y. Optimal hedging in carbon emission markets using markov regime switching models [J]. Journal of International Financial Markets Institutions & Money，2016（43）：1—15.

[151] SUL D. Transition modeling and econometric convergence tests [J]. Econometrica，2007，75（6）：1771—1855.

[152] 赵桂梅，陈丽珍，孙华平，等. 基于异质性收敛的中国碳排放强度脱钩效应研究 [J]. 华东经济管理，2017，31（4）：97—103.

[153] DAWID H，HARTING P，NEUGART M. Economic convergence：policy implications from a heterogeneous agent model [J]. Journal of Economic Dynamics & Control，2014（44）：54—80.

[154] MADDISON D. Environmental Kuznets Curves：a spatial econometric approach [J]. Journal of Environmental Economics & Management，2006，51（2）：218—230.

[155] ANIL K B，OSMAN D，SÜLEYMAN T，et al. Specification tests for spatial panel data models [J]. Journal of Spatial Econometrics，2020，1（1）：1—17.

[156] ANSELIN L，REY S J. Open source software for spatial data science [J]. Geographical Analysis，2022，54（3）：429—438.

[157] 王红茹，钱颖一，贾康，等. GDP 修正对中国经济有何影响？[J]. 中国经济周刊，2006（1）：70—71.

[158] 杨缅昆. 绿色 GDP 和环保活动核算：兼论 GDP 修正中的方法论问题 [J]. 统计研究，2000，17（9）：10—13.

[159] 林伯强，蒋竺均. 中国二氧化碳的环境库兹涅茨曲线预测及影响因素

分析 [J]. 管理世界，2009 (4)：27—36.

[160] Timothy D. A fundamental limitation of Markov models [J]. American Meteorological Society，2000，57 (13)：2158—2168.

[161] 肖宏伟，易丹辉，张亚雄. 中国区域碳排放空间计量研究 [J]. 经济与管理，2013，27 (12)：53—62.

[162] 肖宏伟，易丹辉. 中国区域工业碳排放空间计量研究 [J]. 山西财经大学学报，2013，35 (8)：53—62.

[163] EHRLICH P R，HOLDREN J. P. Impact of population growth：complacency concerning this component of man's predicament is unjustifed and counterpro-ductive [J]. Science，1971，(171)：1212—1217.

[164] 赵桂梅，赵桂芹，陈丽珍，等. 中国碳排放强度的时空演进及其跃迁机制 [J]. 中国人口·资源与环境，2017，27 (10)：84—93.

[165] DIETZ T，YORK R，ROSA E A. Ecological democracy and sustainable development [J]. Real，2001，10：1—27.

[166] 姚从容. 人口规模、经济增长与碳排放：经验证据及国际比较 [J]. 经济地理，2012，32 (3)：138—145.

[167] 马晓钰，李强谊，郭莹莹. 我国人口因素对二氧化碳排放的影响：基于 STIRPAT 模型的分析 [J]. 人口与经济，2013 (1)：44—51.

[168] 沈杰. 人口结构、教育水平与中国的经济增长绩效 [D]. 南京：南京大学，2016.

[169] 吴振信，谢晓晶，王书平. 经济增长、产业结构对碳排放的影响分析:基于中国的省际面板数据 [J]. 中国管理科学，2012，20 (3)：161—166.

[170] 周纪昌. 人均 GDP、能源强度与碳排放的面板数据分析 [J]. 环境科学与管理，2013，38 (2)：165—167.

[171] 李洋. 环境规制下能源强度和碳强度互动关系研究 [D]. 重庆：重庆

大学，2015.

[172] 潘雄锋，潘仙友，李昌昱. 低碳约束对能源强度的倒逼机制研究 [J]. 当代经济科学，2016，38（6）：34－43.

[173] 王素凤. 中国省域能源价格与碳强度协整研究：基于1995—2009年的面板数据 [J]. 长江流域资源与环境，2011，20（8）：922－927.

[174] 董锋，高新起. 能源价格对碳排放强度的影响研究：基于独立变量与交叉变量影响的分析 [J]. 价格理论与实践，2016（9）：97－100.

[175] 李健，周慧. 中国碳排放强度与产业结构的关联分析 [J]. 中国人口·资源与环境，2012，22（1）：7－14.

[176] 鲁沛. 中国产业结构对碳排放影响的实证研究 [D]. 沈阳：辽宁大学，2015.

[177] 原嫄，席强敏，孙铁山，等. 产业结构对区域碳排放的影响：基于多国数据的实证分析 [J]. 地理研究，2016，35（1）：82－94.

[178] 高长春，刘贤赵，李朝奎，等. 近20年来中国能源消费碳排放时空格局动态 [J]. 地理科学进展，2016，35（6）：747－757.

[179] CHENG Y，WANG Z，ZHANG S，et al. Spatial econometric analysis of carbon emission intensity and its driving factors from energy consumption in China [J]. Acta Geographica Sinica，2013，68（10）：1418－1431.

[180] 易艳春，高玉芳. 城市化与中国碳排放的实证研究 [J]. 统计与信息论坛，2013，28（3）：63－67.

[181] 王小斌，邵燕斐. 城镇化对能源消费和二氧化碳排放的影响：基于1995—2011年中国省级面板数据的实证研究 [J]. 技术经济，2014，33（5）：55－63.

[182] 林伯强，刘希颖. 中国城市化阶段的碳排放：影响因素和减排策略 [J]. 经济研究，2010，45（8）：66－78.

[183] 张友国. 碳排放视角下的区域间贸易模式：污染避难所与要素禀赋

[J]. 中国工业经济，2015（8）：5—19.

[184] 金春雨，王伟强 . "污染避难所假说"在中国真的成立吗：基于空间 VAR 模型的实证检验［J］. 国际贸易问题，2016（8）：108—118.

[185] 黄凌云，谢会强，刘冬冬 . 技术进步路径选择与中国制造业出口隐含碳排放强度［J］. 中国人口·资源与环境，2017，27（10）：94—102.

[186] 张华明，王瑜鑫，张聪聪 . 中国省域能源强度趋同俱乐部存在性及影响因素分析［J］. 长江流域资源与环境，2017，26（5）：657—666.

[187] 戴钰 . 基于分位数回归的二氧化碳排放与经济增长［J］. 经济数学，2012，29（3）：74—77.

[188] HAMMOUDEH S，NGUYEN D K，SOUSA R M. Energy prices and $CO_2$，emission allowance prices：a quantile regression approach ［J］. Energy Policy，2014，70（7）：201—206.

[189] ZHAO G，GENG Y，SUN H，et al. Mapping the knowledge of green consumption：a meta-analysis［J］. Environmental Science and Pollution Research，2020，27（36）：44937—44950.

[190] 赵桂梅，耿涌，孙华平，等 . 中国省际碳排放强度的空间效应及其传导机制研究［J］. 中国人口·资源与环境，2020，30（3）：49—55.